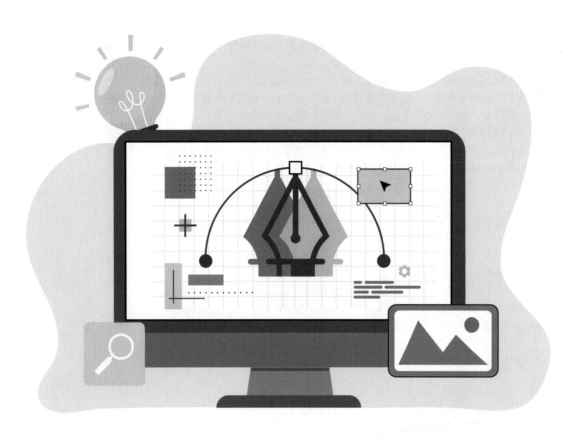

Illustrator

图形创意设计与制作

AIGC全彩微课版　王中谋 ◎ 编著

清華大学出版社
北 京

内 容 简 介

本书全面、细致地讲解Illustrator的操作方法与使用技巧，内容全面，学练结合，图文并茂，实例丰富，可以帮助读者轻松地掌握软件的所有操作并运用于实际工作中。

全书共11章，依次对Illustrator的创意启蒙、基础元素的绘制与重塑、路径与锚点的创意雕刻、色彩与轮廓的个性装饰、对象形态的艺术操控、图层空间的管理与布局、文本内容的编辑与优化、图表工具与数据可视化、符号的创意设计与优化、视觉效果的深度解析、图像输出优化全攻略等内容进行了讲解。在介绍理论的同时辅以案例实操，使读者能更好地理解和应用所学理论。

本书结构合理，案例丰富，语言通俗，易教易学。适用于Illustrator的初、中级用户，以及从事平面设计、广告设计、照片处理、网页设计等行业的专业人士，同时还可作为各类艺术设计院校和相关培训机构的学习用书和教材。

图书在版编目（CIP）数据

Illustrator图形创意设计与制作：AIGC全彩微课版 /
王中谋编著. -- 北京：清华大学出版社，2025. 4.
(清华电脑学堂). -- ISBN 978-7-302-68280-6

Ⅰ. TP391.412

中国国家版本馆CIP数据核字第2025S5L896号

责任编辑： 袁金敏
封面设计： 阿南若
责任校对： 徐俊伟
责任印制： 宋　林

出版发行： 清华大学出版社
　　　　　网　　　址：https://www.tup.com.cn，https://www.wqxuetang.com
　　　　　地　　　址：北京清华大学学研大厦A座　　　　　邮　　编：100084
　　　　　社 总 机：010-83470000　　　　　　　　　　邮　　购：010-62786544
　　　　　投稿与读者服务：010-62776969，c-service@tup.tsinghua.edu.cn
　　　　　质 量 反 馈：010-62772015，zhiliang@tup.tsinghua.edu.cn
　　　　　课 件 下 载：https://www.tup.com.cn，010-83470236
印 装 者： 小森印刷（北京）有限公司
经　　销： 全国新华书店
开　　本： 185mm×260mm　　　　**印　　张：** 14.5　　　　**字　　数：** 365千字
版　　次： 2025年4月第1版　　　　　　　　　　　**印　　次：** 2025年4月第1次印刷
定　　价： 69.80元

产品编号：106812-01

前 言

首先，感谢您选择并阅读本书。

本书致力于为平面设计应用的读者打造更易学的知识体系，让读者在轻松愉悦的氛围中掌握平面设计的知识，并应用到实际工作中。

本书采用理论与实践并重的编排方式，从易于教授、易于学习的角度，深入浅出地阐述Illustrator这款功能强大的矢量图形设计软件的全貌。本书不仅详尽地解析了软件的核心功能与操作技巧，更巧妙地穿插了大量的"动手练"板块，以做到学练并重。每章结尾安排了"案例实战"板块，综合运用所学知识进行实操演练，以实现"所见即所学，所学即所用"；"拓展练习"板块旨在引导读者进一步拓展设计思路和技能边界，通过解决实际问题来检验学习成果。

本书特色

- **理论+实操，实用性强**。本书为软件操作中的主要知识点配备相关的实操案例，可操作性强，使读者能够学以致用。
- **结构合理，全程图解**。采用全程图解的方式，让读者能够了解到每一步的具体操作。
- **智能辅助，设计无忧**。本书配图和部分案例素材均为AIGC平台生成，其高效性极大地缩短了设计周期，能够更快地将创意转化为现实。

内容概述

全书共11章，各章内容见表1。

表1

章序	内容	难度指数
第1章	主要介绍平面设计的视觉语言、AIGC在平面设计中的应用、Illustrator界面、文档的基本操作、视图角度的调整以及标尺、参考线等隐形助手的使用方法	★★☆
第2章	主要介绍基础元素的绘制与重塑，包括基本图形的绘制、线性图形的绘制、路径的擦除与修饰以及路径的调整与变换等	★★★
第3章	主要介绍路径与锚点的绘制与编辑，包括路径和锚点、钢笔工具组、画笔工具组、铅笔工具组以及复合路径与复合形状的使用方法及技巧	★★★

Illustrator 图形创意设计与制作（AIGC全彩微课版）

章序	内容	难度指数
第4章	主要介绍色彩与轮廓的设置，包括填充和描边控件、应用填充颜色与描边、渐变填充的创建、图案的创建与编辑、实时上色组的建立与调整以及网格工具的使用	★★★
第5章	主要介绍对象形态的调整，包括对象的选取、对象的变换、封套扭曲、剪切蒙版、混合工具以及图像描摹	★★★
第6章	主要介绍图层空间的管理与布局，包括使用"图层"面板管理对象、基本的图层编辑、对齐与分布等	★★★
第7章	主要介绍文本内容的编辑与优化，包括文本类工具的使用方法、字符与段落的设置、创建轮廓、串接文本以及文本绕排等	★★☆
第8章	主要介绍图表工具与数据的可视化编辑，包括柱形图工具、堆积柱形图工具、折线图工具、饼图工具等图表工具的使用方法以及图表选项、图表设计的编辑方法	★★☆
第9章	主要介绍符号的创建与编辑，包括"符号"面板、符号库、符号的创建、符号的重新定义与变换以及调整符号对象的效果等	★★☆
第10章	主要介绍视觉效果，包括Illustrator效果、Photoshop效果、外观属性以及图形样式等	★★☆
第11章	主要介绍图像的输出与优化，包括切片的基本功能、切片的创建与编辑、Web图像输出、Web安全色以及文件的打印设置等	★★☆

　　本书的配套素材和教学课件可扫描下面的二维码获取，如果在下载过程中遇到问题，请联系袁老师，邮箱：yuanjm@tup.tsinghua.edu.cn。书中重要的知识点和关键操作均配备高清视频，读者可扫描书中二维码边看边学。

　　本书由天津美术学院王中谋编写，在编写过程中作者虽力求严谨细致，但由于时间与精力有限，书中疏漏之处在所难免。如果读者在阅读过程中有任何疑问，请扫描下面的技术支持二维码，联系相关技术人员解决。教师在教学过程中有任何疑问，请扫描下面的教学支持二维码，联系相关技术人员解决。

配套素材　　　教学课件　　　配套视频　　　技术支持　　　教学支持

编者

2025年3月

目 录

V

第 6 章　图层空间的管理与布局

第 7 章　文本内容的编辑与优化

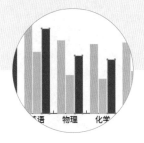
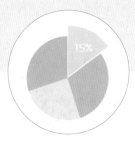

Illustrator图形创意设计与制作（AIGC全彩微课版）

第1章
Illustrator 的创意启蒙

Illustrator是一款强大的矢量图形设计软件，广泛应用于平面设计、插画、UI/UX 设计、包装设计、排版印刷等多个领域。本章对平面设计的视觉语言、AIGC在平面设计中的应用、Illustrator界面、文档的基本操作、视图角度的调整以及隐形助手进行讲解，为后面的学习奠定良好的基础。

1.1 平面设计的视觉语言

平面设计的视觉语言通过图形图像、色彩理论和文件存储格式等元素的综合运用，形成了丰富多样的视觉表现方式。

▎1.1.1　图形图像术语解析

在平面设计中，图形图像术语是理解和运用设计元素的基础。下面对像素、分辨率、矢量图形、位图图像等关键术语进行解析。

1. 像素

像素（Pixel）是构成图像的最小单位，是图像的基本元素，一般用px表示。像素的数量决定了图像的清晰度和细节程度。每平方英寸所含像素越多，图像越清晰，颜色之间的混合也越平滑，如图1-1和图1-2所示。当把一张图像放大多倍时，会发现原本看似连续的色调其实是由许多色彩相近的小色块组成的，这些小色块就是像素，如图1-3所示。

图 1-1　　　　　　　　　　图 1-2　　　　　　　　　　图 1-3

2. 分辨率

分辨率是指图像中像素的数量，通常用每英寸像素数（PPI）或每英寸点数（DPI）来表示。它影响图像的清晰度和细节。一般情况下，分辨率分为图像分辨率、屏幕分辨率以及打印分辨率。

（1）图像分辨率。

图像分辨率通常以"像素/英寸"来表示，是指图像中每单位长度含有的像素数目，如图1-4所示。分辨率高的图像比相同打印尺寸的低分辨率图像包含更多的像素，因而图像会更加清楚、细腻。分辨率越大，图像文件越大，在进行处理时所需的内存和CPU处理时间也就越多。

（2）屏幕分辨率。

屏幕分辨率指屏幕显示的分辨率，即屏幕上显示的像素个数，常见的屏幕分辨率类型有1920×1080、1600×1200、640×480。在屏幕尺寸一样的情况下，分辨率越高，显示效果就越精细和细腻。在计算机的显示设置中会显示推荐的显示分辨率，如图1-5所示。

（3）打印分辨率。

打印分辨率是指在打印输出时，每英寸能够打印的点数，单位是DPI（Dots Per Inch，点每英寸）。它决定了打印图像的精细程度和质量。打印分辨率越高，打印出来的图像越清晰，细节越丰富。在打印高质量的图片或文档时，需要选择较高的打印分辨率以确保输出效果。

图 1-4　　　　　　　　　　　　　　　图 1-5

3. 矢量图形

矢量图形又称为向量图形，是一种使用数学方法来描述图像中元素（如点、线、曲线、多边形等）的图形表示方式。矢量图形的核心优势在于其与分辨率的无关性，无论图形被放大到何种尺寸，其边缘都将保持平滑清晰，不会出现像素化或模糊的现象，如图1-6和图1-7所示。由于矢量图形中的每个元素都是独立且可编辑的，因此可以很容易地调整图形的大小、形状、颜色等属性，而无须重新绘制整个图形，如图1-8所示。

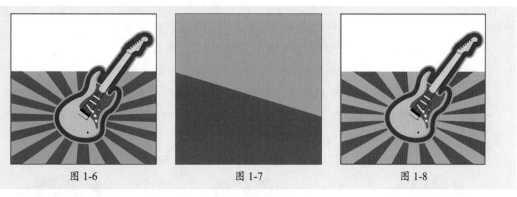

图 1-6　　　　　　　　　　　图 1-7　　　　　　　　　　　图 1-8

4. 位图图像

位图图像又称为栅格图像，是由像素组成的图形表示方式。每个像素都有特定的颜色值，整个图像通过这些像素的组合形成。位图图像能够捕捉细腻的细节和复杂的色彩渐变，适合复杂的图像和照片。位图图像的质量与其分辨率密切相关，分辨率越高，图像越清晰，如图1-9和图1-10所示。当位图图像被放大时，由于像素数量的增加，图像会失去原有的清晰度，出现锯齿状边缘和模糊现象，如图1-11所示。

图 1-9　　　　　　　　　　　图 1-10　　　　　　　　　　　图 1-11

1.1.2 色彩理论与应用

色彩的有效使用在设计中至关重要。通过深入理解色彩的属性、搭配和心理学，设计师能够做出更具影响力的色彩选择，从而提升设计作品的视觉效果和情感表达。

1. 色彩的属性

色彩的属性主要包括色相、明度和饱和度，这三者共同构成了色彩的基本特征。

- **色相：**色彩的基本特征，是区分不同颜色的主要依据。它反映了色彩的基本面貌，如红色、黄色、蓝色等。通过混合不同的色相，可以创造出丰富多彩的视觉效果。
- **明度：**色彩的明亮程度或深浅。它表示色彩反射光的强弱，反射光越强，色彩越明亮；反之，则越暗淡。明度的变化可以影响色彩的层次感。
- **饱和度：**色彩的鲜艳程度或纯度。高饱和度的颜色显得鲜艳、明亮，低饱和度的颜色则显得灰暗、柔和。饱和度影响色彩的活力感。

2. 色相环

色相环通常以圆形图表的形式呈现，将颜色按照光谱的顺序排列。它展示了不同颜色之间的关系，帮助设计师理解如何进行有效的色彩搭配。常见的色相环有6色、12色和24色。12色相环包括12种颜色，分别由原色、间色和复色组成。

- **原色：**最基本的三种颜色红、黄、蓝，如图1-12所示。它们不能通过其他颜色混合得到，而是混合出其他颜色的基础。
- **间色：**由两种原色混合而成的颜色，如红+黄=橙；黄+蓝=绿；红+蓝=紫，如图1-13所示。
- **复色：**由原色和间色混合而成。复色的名称一般由两种颜色组成，如红橙、黄橙、黄绿、蓝绿、蓝紫、红紫，如图1-14所示。

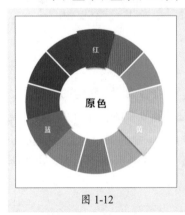 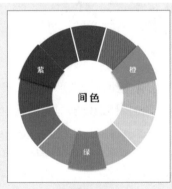 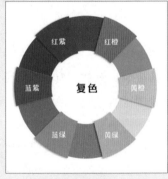

图 1-12   图 1-13   图 1-14

3. 色彩的搭配

色彩搭配是设计中至关重要的部分，不同的搭配方式可以传达不同的情感和氛围。以下是几种常见的色彩搭配方式。

（1）互补色。指在色相环上彼此相对的两种颜色，如红色和绿色、蓝色和橙色、黄色和紫色等，图1-15所示为黄紫搭配效果。互补色搭配能产生强烈的对比效果，能够迅速吸引观众的注意力，适合用于广告、海报和重要信息的突出。

（2）对比色。指在色相环上相距较远但不完全相对的颜色，通常在色相环中夹角为120°～

180°，如红色与黄绿色、红色与蓝色、橙色与蓝色等，图1-16所示为红蓝搭配效果。对比色搭配可以为设计增添活力和动感，适合用于需要引起注意的元素，如按钮、标题或重要信息。

（3）相邻色。指在色相环上相邻的两种颜色，如红色和橙色、橙色和黄色、黄色和绿色、绿色和蓝色等，图1-17所示为黄绿搭配效果。相邻色搭配通常给人一种平静和统一的感觉，适合用于背景、品牌视觉识别和网站设计。

| 图 1-15 | 图 1-16 | 图 1-17 |

（4）分裂互补色。指选择一种基础颜色，然后再选择与该颜色互补的两种相邻颜色进行搭配。如选定绿色为基础色，绿色的互补色为红色，在红色的两侧选择相邻的颜色：紫红色和红橙色，因此，绿色的分裂互补色搭配就是绿色、紫红色和红橙色，图1-18所示为绿、紫红、红橙色搭配效果。分裂互补色搭配在提供对比的同时，保持了一定的和谐感，适合用于图形设计和插图。

（5）类似色。指色相环上相邻的三种颜色，例如红色、橙色和黄色，绿色、黄绿色和黄色，蓝色、青色和绿色，图1-19所示为蓝青绿搭配效果。类似色搭配通常给人一种温暖、柔和的感觉，适合用于家庭、自然或健康相关的设计。

（6）正方形搭配。指使用色相环上相隔90°的四种颜色，例如红色、橙色、绿色和蓝色，图1-20所示为搭配效果。正方形搭配提供强烈的对比和丰富的色彩组合，适合于大胆的设计，如艺术海报和现代品牌。

| 图 1-18 | 图 1-19 | 图 1-20 |

4. 色彩的情感表达

色彩在情感表达中扮演着重要角色，不同的颜色可以传达不同的情感和氛围。表1-1所示为常见颜色的情感表达与应用场合。

表1-1

颜色	情感表达	应用场合
红色	热情、活力、爱情、激情、警示、紧急	促销活动、节日庆典、紧急情况标识、强调重点、餐饮业等
橙色	温暖、欢快、能量、活力、创新、食欲	儿童用品、餐饮业、户外活动、秋季主题、创意产业、优惠促销等
黄色	明亮、活泼、希望、积极、警觉、轻快	教育、旅游、餐饮、夏季主题、提示信息、轻松愉快的环境等
绿色	自然、和平、环保、健康、生机、安全	环保健康食品、有机农产品、医疗保健、金融投资、户外休闲等
蓝色	冷静、专业、理智、稳定、科技、宁静	科技产品、金融机构、商务服务、医疗保健、教育机构、海洋主题等
紫色	高贵、奢华、神秘、浪漫、创意、灵性	奢侈品、化妆品、女性产品、艺术设计、梦幻或神秘主题等
粉色	甜美、浪漫、温柔、女性化、纯真、关爱	女性或儿童用品、美容护肤、情人节、婚庆、母婴产品、家居装饰等
黑色	正式、优雅、神秘、力量、权威、悲伤	高端品牌、时尚服饰、科技产品、专业服务、纪念日等
白色	纯洁、简约、干净、和平、希望、无暇	家居用品、医疗保健、科技产品、婚纱、冬季主题等
灰色	中立、低调、成熟、专业、稳重、谦逊	商务套装、工业产品、科技产品、家居装饰、背景色、文字色等

1.1.3 文件的存储格式

在平面设计中，文件的存储格式对于作品的最终呈现和传播方式至关重要。以下是一些常见的文件存储格式及其特点。

1. 矢量图格式

矢量图格式适合需要无损缩放和编辑的设计，常见的矢量图格式有AI、CDR和EPS。

- **AI**：Adobe Illustrator软件的默认图片存储格式，是一种广泛使用的矢量图格式。
- **CDR**：CorelDRAW软件的默认图片存储格式，同样是一种矢量图格式。
- **EPS**：一种跨平台的矢量图形文件格式，既可以由矢量软件打开，也可以由位图软件打开和保存。常用于打印行业，因为它能够包含图像的路径信息、图层信息、颜色信息等。

2. 位图格式

位图格式适合存储和传播照片及复杂图像。常见的位图格式有JPG/JPEG、PNG、GIF、TIFF/TIF。

- **JPG/JPEG**：有损压缩格式，常用于存储和传输照片。支持高级别的压缩，但会牺牲一定的图像质量。
- **PNG**：无损压缩格式，能够保留图像的透明度和细节。常用于网页设计和平面设计，特别是需要透明背景的图像。

- **GIF**：另一种无损压缩格式，但颜色数量有限（最多256种）。常用于网页上的小动画或图标。
- **TIFF/TIF**：高质量的位图格式，支持无损压缩和多种颜色模式。常用于对图像质量要求较高的场合，如印刷和出版。

3. 其他格式

- **PSD**：Adobe Photoshop软件的默认图片存储格式，是一种位图文件但具有分层功能，可以存储透明背景的图片。包含图像的所有编辑信息，便于后期修改和调整。
- **PDF**：一种通用文档格式，可以包含矢量图、位图和文本。PDF文件具有可移植性和跨平台性，能够在不同的设备和软件上保持一致的显示效果。

1.2 AIGC在平面设计中的应用

AIGC（Artificial Intelligence Generated Content，人工智能生成内容）在平面设计中的应用广泛且深入，具体体现在颜色方案和配色建议、图形元素设计、插画设计、角色设计、图标设计以及标志设计等方面。以下是对这些应用领域的详细阐述。

1.2.1 颜色方案和配色建议

AIGC技术能够基于特定的设计需求或风格，自动生成多种配色方案。这些方案可能包括按文本描述配色、AI随机配色、色调预设以及形象配色参考等多种形式。以文本描述配色为例：

问：设计师希望为一个环保产品的包装设计生成配色方案，参考海洋主题。

答：为环保产品的包装设计生成一个以海洋为主题的配色方案，可以通过AIGC技术考虑海洋的色彩特征和情感联想。以下是一个具体的配色方案示例：

海洋主题配色方案

主色：深海蓝

色码：#003366

描述：象征深邃的海洋，传达出稳定和信任感。

辅色：海洋绿

色码：#009688

描述：代表清澈的海水，给人以清新和自然的感觉，强调环保理念。

点缀色：珊瑚橙

色码：#FF5733

描述：象征海洋中的珊瑚，增加活力和吸引力，同时引起对海洋生态的关注。

背景色：沙滩米色

色码：#F5F5DC

描述：代表沙滩的颜色，营造出温暖和舒适的氛围，平衡整体设计。

细节色：泡沫白

色码：#FFFFFF

描述：象征海浪的泡沫，增加明亮度和对比，使整体设计更加生动。

应用示例

包装设计：在包装的主要部分使用深海蓝作为背景色，突出产品的名称和环保标志。辅色海洋绿可以用于产品描述和其他信息的字体。点缀色珊瑚橙可以用于包装的边框或图案设计，以吸引消费者的注意。沙滩米色可以作为底部或侧面的颜色，给人一种自然和放松的感觉。泡沫白则可以用于小图标或装饰元素，使整体设计更加协调。

总结

这个以海洋为主题的配色方案不仅体现了环保产品的自然属性，还通过色彩传达出清新、活力和生态意识，能够有效吸引目标消费者的注意力。设计师可以根据这些色彩进行调整和组合，以实现最佳的视觉效果。

▌1.2.2　图形元素设计

AIGC技术利用深度学习等算法，能够自动生成各种图形元素，如形状、纹理、图案等。这些图形元素可以单独使用，也可以与其他设计元素组合，形成具有创意和吸引力的设计作品。在设计过程中，AIGC可以快速生成不同版本的图形元素，帮助设计师进行比较和选择，如图1-21所示。设计师可以根据反馈不断调整输入指令，让AIGC生成更符合要求的图形，从而大大提高设计效率，图1-22和图1-23所示分别为查看和调整效果。

图 1-21　　　　　　　　　图 1-22　　　　　　　　　图 1-23

▌1.2.3　插画设计

AIGC能够根据输入的文本描述或关键词，自动生成插画作品，广泛应用于广告、社交媒体和网站设计等项目。在设计初期，AIGC可以快速生成插画草图，为设计师提供初步的创意方向。设计师能够在此基础上进行进一步的细化和完善，从而节省大量时间和精力。此外，AIGC还可以根据客户的特定需求，如角色形象和场景要求，生成高度个性化的插画作品，以满足不同客户的独特需求。图1-24～图1-26所示分别为不同风格的插画设计。

图 1-24

图 1-25

图 1-26

1.2.4　角色设计

AIGC 可以根据设计师提供的角色特征描述，如性格、职业、外貌特点等，生成各种角色概念设计。通过输入不同的动作指令和情感状态，AIGC可以为角色设计出丰富的表情和动作，使角色更加生动鲜活。例如，让角色表现出喜悦、愤怒、惊讶等不同情绪，或者做出战斗、奔跑、休息等各种动作。图1-27～图1-29所示为不同角色的概念图。

图 1-27

图 1-28

图 1-29

1.2.5　图标设计

AIGC能够根据用户输入的关键词或描述，迅速生成多种风格的图标。设计师可以根据客户的具体需求（如品牌形象和行业特征）来指导AIGC生成个性化的图标设计方案，确保设计与品牌保持一致。同时，AIGC生成的图标也可以作为设计师的灵感来源，帮助他们突破思维局限，探索新的设计方向。图1-30～图1-32所示为不同类型的图标效果。

图 1-30

图 1-31

图 1-32

▎1.2.6　标志设计

AIGC可以为标志设计提供大量的创意概念。设计师输入品牌的核心价值、目标受众、行业特点等信息后，AIGC可以生成各种独特的标志设计方案，帮助设计师开拓思路。在标志设计过程中，AIGC可以根据客户的反馈和要求，快速进行调整和优化。设计师可以通过调整输入指令，让AIGC生成不同的颜色、形状和细节变化，以满足客户对标志的各种需求。图1-33～图1-35所示为不同类型的标志效果。

图 1-33　　　　　　　　　　图 1-34　　　　　　　　　　图 1-35

除此之外，AIGC在平面设计上还有其他一些重要应用，如排版设计、广告创意生成、内容创作、品牌形象设计、图像处理与增强、数据可视化、趋势分析与预测等。随着技术的不断进步，未来可能会有更多创新的应用场景出现，进一步推动平面设计的发展。

1.3　Illustrator界面导航指南

Adobe Illustrator简称AI，是一种应用于出版、多媒体和在线图像的工业标准矢量插画的软件。了解Illustrator的界面结构可以更高效地使用软件进行设计。安装并启动Illustrator软件后，打开任意文件进入工作界面，如图1-36所示。该工作界面主要由菜单栏、控制栏、工具栏、浮动面板、文档窗口、状态栏以及上下文任务栏等组成。

若要更改工作区的颜色，可执行"编辑"|"首选项"命令，在弹出的"首选项"对话框中选择"用户界面"选项，在"用户界面"的"亮度"选项中选择所需的界面颜色即可，如图1-37所示。

图 1-36　　　　　　　　　　　　　　　　　图 1-37

█ 1.3.1　菜单栏

菜单栏包括文件、编辑、对象、文字和帮助等9个主菜单，如图1-38所示。每一个主菜单包括多个子菜单，通过应用这些命令可以完成大多数常规和编辑操作。

文件(F)　编辑(E)　对象(O)　文字(T)　选择(S)　效果(C)　视图(V)　窗口(W)　帮助(H)

图 1-38

█ 1.3.2　控制栏

控制栏位于菜单栏下方，动态显示当前选中工具或对象的相关选项和设置。根据所选对象的不同，控制栏会显示不同的属性，图1-39所示为选择"钢笔工具"时的控制栏。执行"窗口"|"控制"命令显示或隐藏控制栏。

图 1-39

知识点拨

在控制栏中，若文本带下画线，表明该文本是可交互的，可以单击文本以显示相关的面板或对话框。例如，单击"不透明度"按钮可显示"不透明度"面板。

█ 1.3.3　工具栏

工具栏通常位于界面的左侧，包含各种绘图和编辑工具。通过这些工具，可绘制、选择、移动、编辑和操纵对象和图像。

将光标悬于工具上，会显示该工具的基础信息（名称、快捷键/组合键、简短说明）以及功能演示，如图1-40所示。单击即可选中该工具，若长按或右击带有三角图标的工具即可展开工具组，可选择该组的不同工具，如图1-41所示。单击工具组右侧的黑色三角，工具组就从工具箱分离出来，成为独立的工具栏。单击工具栏下方的"编辑工具栏"按钮，打开"所有工具"抽屉，单击右上角的按钮，在弹出的菜单中可选择显示工具选项，如图1-42所示。

图 1-40　　　　　　　　　图 1-41　　　　　　　　　图 1-42

11

1.3.4　浮动面板组

面板组是Illustrator中最重要的组件之一，在面板中可设置数值和调节功能，每个面板都可以自行组合，执行"窗口"菜单下的命令即可显示面板，图1-43所示为"导航器"面板。单击 ◀◀ 按钮或单击面板名称可以隐藏面板内容，如图1-44所示。单击 ▶▶ 按钮则可以显示该面板。

图 1-43　　　　　　　　　　　图 1-44

1.3.5　文档窗口

文档窗口是进行设计和创作的主要工作区域。在文档窗口中，黑色实线的矩形区域就是画板，该区域的大小由用户设置，代表页面的实际尺寸。画板外的空白区域称为画布，可以在这里自由绘制和放置对象。

1.3.6　状态栏

状态栏位于工作界面的最底部，用于显示当前文档视图的显示比例、当前正使用的工具、时间和日期等信息。单击当前工具旁的 ▶ 按钮，选择"显示"选项，在弹出的菜单中可设置显示的选项，如图1-45所示。

图 1-45

1.3.7　上下文任务栏

上下文任务栏是一个浮动栏，可访问一些最常见的后续操作。可以将上下文任务栏移动到所需的位置。还可以通过选择更多选项来重置其位置或将其固定或隐藏，如图1-46所示。要在隐藏后再次启用，可以执行"窗口"|"上下文任务栏"命令。

图 1-46

1.4 文档的基本操作

文档的创建、置入、存储和导出是Illustrator的基本操作，本节将对这些操作进行详细说明。

▌1.4.1 新建文档

执行"文件"|"新建"命令，或按Ctrl+N组合键，弹出"新建文档"对话框，如图1-47所示。

图 1-47

知识点拨

在主屏幕中单击"新文件"按钮 新文件，或在预设区域单击"更多预设"按钮 ⋯，也可以弹出"新建文档"对话框。

该对话框中各选项的功能如下。

- **最近使用项：** 显示最近设置文档的尺寸，也可在"移动设备"、Web等类别中选择预设模板，在右侧窗格中修改设置。
- **预设详细信息：** 在该文本框中输入新建文件的名称，默认为"未标题-1"。
- **宽度、高度、单位：** 设置文档尺寸和度量单位，例如像素、厘米、毫米等。
- **方向：** 设置文档的页面方向为横向或纵向。
- **画板：** 设置画板数量。
- **出血：** 设置出血参数值，当数值不为0时，可在创建文档的同时，在画板四周显示设置的出血范围。
- **颜色模式：** 设置新建文件的颜色模式，默认为"RGB颜色"。
- **光栅效果：** 为文档中的光栅效果指定分辨率，默认为"屏幕（72ppi）"。
- **预览模式：** 设置文档默认预览模式，包括默认值、像素以及叠印三种模式。
- **更多设置：** 单击此按钮，显示"更多设置"对话框，显示的为旧版"新建文档"对话框。

▌1.4.2 置入文档

执行"文件"|"置入"命令，在弹出的"置入"对话框中，选择一个或多个目标文件，在左下可对置入的素材进行设置，如图1-48所示。选择目标素材，单击"置入"按钮即可，效果如图1-49所示。

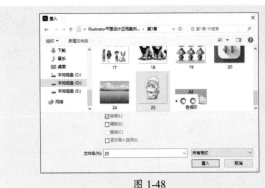

图 1-48 图 1-49

该对话框中各选项的功能如下。

- **链接**：勾选该复选框，被置入的图形或图像文件与Illustrator文档保持独立。当链接的原文件被修改或编辑时，置入的链接文件也会自动修改更新；若取消勾选，置入的文件会嵌入Illustrator软件中，当链接的文件被编辑或修改时置入的文件不会自动更新。默认状态下"链接"复选框处于勾选状态。
- **模板**：勾选此复选框，将置入的图形或图像创建为一个新的模板图层，并用图形或图像的文件名称为该模板命名。
- **替换**：如果在置入图形或图像文件之前，页面中具有被选取的图形或图像，勾选"替换"复选框，可以用新置入的图形或图像替换被选取的原图形或图像。页面中如果没有被选取的图形或图像文件，"替换"复选框不可用。

动手练 多方式置入图像

📙 **素材位置**：本书实例\第1章\动手练\多方式置入图像\红色大门.jpg

本练习介绍多种放大置入图像，主要运用到的知识点有置入、变换、分布与对齐等。具体操作过程如下。

步骤 01 执行"文件"|"置入"命令，在弹出的"置入"对话框中选择素材，如图1-50所示。拖动光标以创建形状，图像会自动适应形状，如图1-51和图1-52所示。

图 1-50 图 1-51 图 1-52

步骤 02 选中图像，分别单击"水平居中对齐"按钮 🏛 和"垂直居中对齐"按钮 🏛 对齐画板，效果如图1-53所示。

步骤 03 若在置入时，在画板中单击任意位置可以将文件置入为原始尺寸，如图1-54所示。

步骤 04 选中图像，按住Shift键调整大小，效果如图1-55所示。

图 1-53

图 1-54

图 1-55

至此，完成多方式置入图像的操作。

1.4.3 文档的存储

当第一次保存文件时，执行"文件"|"存储"命令，或按Ctrl+S组合键，弹出"存储为"对话框，如图1-56所示。在对话框中输入要保存文件的名称，设置保存文件位置和类型。设置完成后，单击"保存"按钮，弹出"Illustrator选项"对话框，如图1-57所示。

图 1-56

图 1-57

"Illustrator选项"对话框中各选项的功能如下。

- **版本：**指定希望文件兼容的Illustrator版本，旧版格式不支持当前版本中的所有功能。
- **创建PDF兼容文件：**在Illustrator文件中存储文档的PDF演示。
- **嵌入ICC配置文件：**创建色彩受管理的文档。
- **使用压缩：**在Illustrator文件中压缩PDF数据。
- **将每个画板存储为单独的文件：**将每个画板存储为单独的文件同时还会单独创建一个包含所有画板的主文件。触及某个画板的所有内容都会包括在与该画板对应的文件中。用于存储的文件的画板基于默认文档启动配置文件的大小。

1.4.4 文档的导出

文件的存储可以将文档保存为AI、PDF、EPS等格式，若要保存为其他格式，可以执行"文件"|"导出"|"导出为"命令，弹出"导出"对话框，如图1-58所示。在"保存类型"选项右侧的文件类型选项框中可以设置导出的文件类型，如图1-59所示。

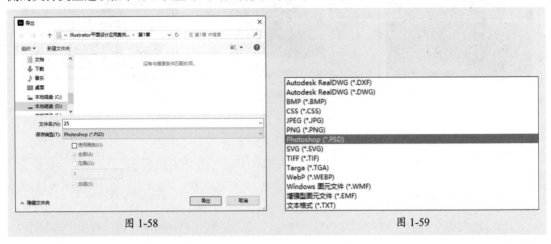

图 1-58 图 1-59

动手练 JPEG格式图像的输出

📖 **素材位置：本书实例\第1章\动手练\JPEG格式图像的输出\红色大门.ai**

本练习介绍如何将AI格式文档保存为JPEG图像效果，主要运用到的知识点为文档的导出。具体操作过程如下。

步骤 01 打开素材文档，如图1-60所示。

步骤 02 执行"文件"|"导出"|"导出为"命令，弹出"导出"对话框，设置保存类型为"JPEG（*.JPG）"，如图1-61所示。

步骤 03 单击"导出"按钮后，在弹出的"JPEG选项"对话框中设置参数，如图1-62所示。

步骤 04 单击"确定"按钮完成保存。

图 1-60

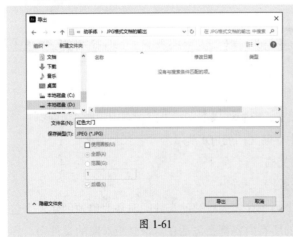

图 1-61

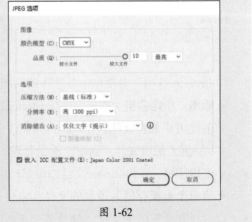

图 1-62

至此，完成JPEG格式图像的输出操作。

1.5 视图角度的调整

视图角度的调整可以通过缩放、移动视图以及调整视图的显示方式来实现。

1.5.1 视图的缩放

通过对视图的缩放显示，可以清晰地查看细节或者整体布局。

1. 组合键

- 放大：Ctrl++。
- 缩小：Ctrl+-。
- 画板自定适应窗口大小：Ctrl+0。
- 实际大小：Ctrl +1。

2. 缩放工具

选择"缩放工具"，光标会变为一个中心带有加号的放大镜，单击即放大图像。按住鼠标左键向右拖动，放大光标所在区域，如图1-63和图1-64所示。按住Alt键光标变成，单击则缩小图像，如图1-65所示。

图 1-63   图 1-64   图 1-65

3. 抓手工具

选择"抓手工具"，按住Alt键的同时滚动鼠标滚轮可以实现视图的放大和缩小。

4. 导航器

通过"导航器"面板可以快速更改图稿的视图。单击面板中的"放大"或"缩小"按钮，如图1-66所示。在"导航器"面板的下方可以看到一个输入框，通常显示当前的视图比例。可以直接在此输入框中输入所需的百分比，按Enter键可以快速调整视图比例，如图1-67和图1-68所示。

图 1-66   图 1-67   图 1-68

1.5.2　视图的移动

视图的移动是查看和编辑设计的重要操作。通过移动视图，可以方便地查看不同部分的设计而不需要缩放。

1. 抓手工具

选择"抓手工具"![抓手工具图标]，或按住空格键临时切换到抓手工具，按住鼠标左键，如图1-69所示，在文档窗口中拖动可任意位置移动视图，如图1-70和图1-71所示。

| 图 1-69 | 图 1-70 | 图 1-71 |

2. 滚动条

通过文档窗口右侧滚动条可以上下移动视图，如图1-72所示。拖动右下角的滚动条可以左右移动视图，如图1-73所示。

| 图 1-72 | 图 1-73 |

知识点拨

在"导航器"面板中拖动预览区中的红色矩形框，可以调整当前窗口的显示范围。

1.5.3　视图的显示方式

根据需要选择合适的视图显示方式和工具，设计师能够更高效地进行创作和优化设计。单击工具栏底部的"切换屏幕模式"按钮![切换屏幕模式图标]，在弹出的菜单中可以选择不同的屏幕显示方式，如图1-74所示。按Esc键恢复到正常屏幕模式。

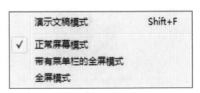

图 1-74

- **演示文稿模式：** 此模式会将图稿显示为演示文稿，其中应用程序菜单、面板、参考线和框边会处于隐藏状态，如图1-75所示。
- **正常屏幕模式：** 在标准窗口中显示图稿，菜单栏位于窗口顶部，滚动条位于右侧和下方，如图1-76所示。

图 1-75

图 1-76

- **带有菜单栏的全屏模式：** 在全屏窗口中显示图稿，在顶部显示菜单栏，如图1-77所示。
- **全屏模式：** 在全屏窗口中显示图稿，不显示菜单栏等工作界面，如图1-78所示。

图 1-77

图 1-78

1.6 Illustrator的隐形助手

标尺、参考线、智能参考线和网格是设计师不可或缺的工具。它们不仅提高了对齐和布局的精确度，还大大增强了设计工作的效率。

1.6.1 标尺

标尺可以准确定位和度量插图窗口或画板中的对象。

执行"视图"|"标尺"|"显示标尺"命令，或按Ctrl+R组合键，标尺位于画布的顶部和左侧，如图1-79所示。默认情况下，标尺的零点位置在画板的左上角。标尺零点可以根据需要而改变，单击左上角标尺相交的位置，向下拖动，会拖出两条十字交叉的虚线，如图1-80所示。松开鼠标，新的零点位置便设置成功，如图1-81所示。双击左上角标尺相交的位置┼复位标尺零点位置。

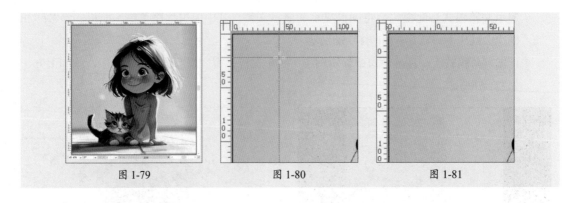

图 1-79　　　　　　　　　图 1-80　　　　　　　　　图 1-81

动手练　尺寸单位的无缝转换

📖 **素材位置：本书实例\第1章\动手练\尺寸单位的无缝转换\约克夏.ai**

本练习介绍如何将像素尺寸切换至毫米尺寸，并调整画板大小，主要运用到的知识点有画板工具、属性、标尺等。具体操作过程如下。

步骤 01 打开素材文档，按Ctrl+R组合键显示标尺，如图1-82所示。

步骤 02 选择"画板工具"，在"属性"面板中查看画板尺寸，如图1-83所示。

步骤 03 在标尺处右击，在弹出的快捷菜单中将单位切换至"毫米"，如图1-84所示。

步骤 04 在"属性"面板中查看尺寸，如图1-85所示。

图 1-82　　　　　　　图 1-83　　　　　　　图 1-84　　　　　　　图 1-85

步骤 05 更改宽高各为420mm，如图1-86所示。

步骤 06 调整标尺原点，如图1-87所示。按Ctrl+0组合键使画板自动适应窗口大小，效果如图1-88所示。

图 1-86　　　　　　　图 1-87　　　　　　　图 1-88

至此，完成尺寸单位的无缝转换操作。

1.6.2 参考线

参考线和智能参考线都可以精确定位和对齐图形对象。

参考线是从标尺上拖出的线，可以用于对齐和定位对象。将光标放置在水平或垂直标尺上进行向下向右拖动，即可创建参考线，如图1-89和图1-90所示。参考线是可移动的，选中参考线后拖动即可调整位置，如图1-91所示。

图 1-89

图 1-90

图 1-91

创建完参考线之后，可以对其进行以下操作。

- 选择参考线，按Delete键删除。
- 执行"视图"|"参考线"|"隐藏参考线"命令，或按Ctrl+；组合键隐藏参考线，再按Ctrl+；组合键显示参考线。
- 执行"视图"|"参考线"|"锁定参考线"命令锁定参考线。
- 执行"视图"|"参考线"|"解锁参考线"命令解锁参考线。
- 执行"视图"|"参考线"|"清除参考线"命令清除所有参考线。

知识点拨

在"属性"面板中可以快速对参考线进行设置，如图1-92所示，该按钮组依次为隐藏/显示参考线、锁定/解锁参考线以及显示/隐藏智能参考线。

图 1-92

动手练 创建精准参考线

📖 **素材位置：本书实例\第1章\动手练\创建精准参考线\书籍封面.ai**

本练习介绍如何精准创建参考线，主要运用到的知识点有新建文档、标尺、参考线等。具体操作过程如下。

步骤 01 新建文档，如图1-93所示。

步骤 02 按Ctrl+R组合键显示标尺，如图1-94所示。

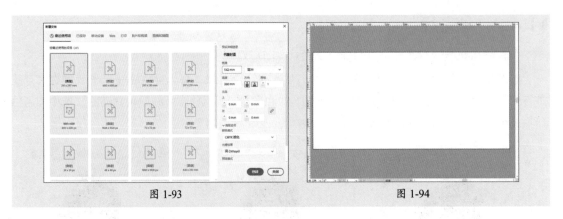

图 1-93   图 1-94

步骤 03 自左向右拖动创建参考线，如图1-95所示。

步骤 04 选中参考线，在"属性"面板中设置X值为80mm，效果如图1-96所示。

步骤 05 创建参考线，在"属性"面板中设置X值为265mm，效果如图1-97所示。

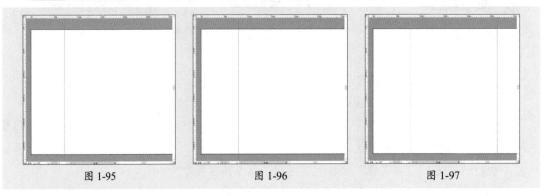

图 1-95   图 1-96   图 1-97

步骤 06 添加书脊厚度参考线，在"属性"面板中设置X值为277mm，效果如图1-98所示。

步骤 07 创建参考线，在"属性"面板中设置X值为462mm，效果如图1-99所示。

步骤 08 继续创建参考线，在"属性"面板中设置X值为542mm，按Ctrl+0组合键使画板自适应窗口大小，效果如图1-100所示。

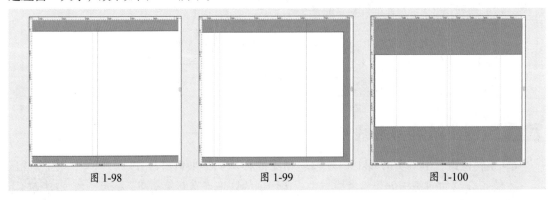

图 1-98   图 1-99   图 1-100

至此，完成精准参考线的创建。

1.6.3 智能参考线

智能参考线是一种会在绘制、移动、变换的情况下自动显示的参考线，可以帮助用户在移

动时对齐特定对象，执行"视图"|"智能参考线"命令，或按Ctrl+U组合键，可以打开或关闭该功能。图1-101～图1-103所示分别为变换、移动、对齐情况下显示的智能参考线。

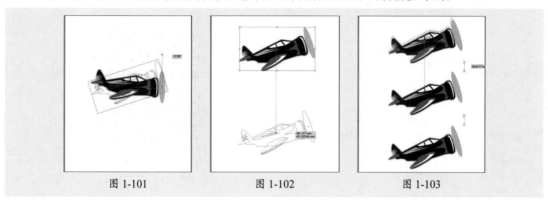

图 1-101　　　　　　　　　图 1-102　　　　　　　　　图 1-103

1.6.4　网格

网格是一系列交叉的虚线或点，可精确对齐和定位对象。执行"视图"|"显示网格"命令，或按Ctrl+'组合键显示网格，如图1-104所示。执行"视图"|"隐藏网格"命令，或按Ctrl+'组合键隐藏网格。执行"编辑"|"首选项"|"参考线和网格"命令，在弹出的对话框中可自定义网格参数，包括颜色、样式、网格线间隔等，如图1-105所示，应用效果如图1-106所示。

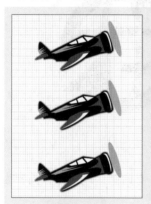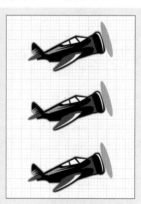

图 1-104　　　　　　　　　图 1-105　　　　　　　　　图 1-106

知识点拨

标尺、参考线、智能参考线和网格都是不可打印的元素，它们主要作为设计过程中的辅助工具，但不会在最终的打印或导出文件中显示。

1.7　案例实战：从零开始的文档操作

素材位置：本书实例\第1章\案例实战\从零开始的文档操作\图标.ai

本练习介绍如何从零开始创建并导出文档，主要运用到的知识点有文档的创建、符号的使用、文档的导出等。具体操作过程如下。

步骤01 按Ctrl+N组合键，在弹出的"新建文档"对话框中创建宽高各为600px的文档，设

置完成后单击"创建"按钮，如图1-107所示。执行"窗口"|"符号库"|"网页图标"命令，打开"网页图标"面板，如图1-108所示。

图 1-107　　　　　　　　　　　　　　　图 1-108

步骤 02 选择"转到Web"图标拖动至面板，如图1-109所示。

步骤 03 右击，在弹出的快捷菜单中执行"变换"|"缩放"命令，在弹出的"比例缩放"对话框中设置参数，如图1-110所示。分别单击"水平居中对齐"按钮 ▮ 和"垂直居中对齐"按钮 ▮ 对齐画板，效果如图1-111所示。

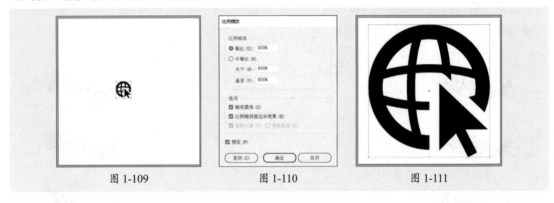

图 1-109　　　　　　　　　图 1-110　　　　　　　　　图 1-111

步骤 04 执行"文件"|"导出"|"导出为"命令，弹出"导出"对话框，设置保存类型为"PNG（*.PNG）"，如图1-112所示。

步骤 05 单击"导出"按钮，在弹出的"PNG选项"对话框中设置参数，如图1-113所示。

步骤 06 查看导出的PNG效果，如图1-114所示。

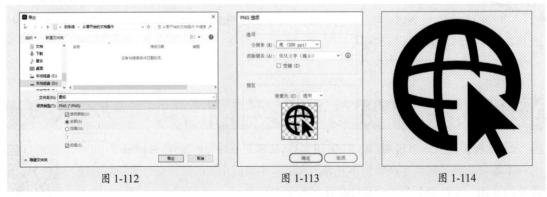

图 1-112　　　　　　　　　图 1-113　　　　　　　　　图 1-114

至此，完成文档的创建与导出操作。

1.8 拓展练习

▌练习1　创建内出血线

📖 **素材位置：** 本书实例\第1章\拓展练习\创建内出血线\内出血线.ai

下面练习利用新建文档和参考线创建内出血线。

📈 **制作思路**

在文档原有尺寸的基础上在四周添加出血线尺寸创建文档，效果如图1-115所示。使用"矩形工具"创建矩形（原文档尺寸），居中对齐后效果如图1-116所示。借助智能参考线创建参考线，执行相关命令锁定参考线，效果如图1-117所示。

图 1-115　　　　　　　　　图 1-116　　　　　　　　　图 1-117

▌练习2　导出为PNG透明图像

📖 **素材位置：** 本书实例\第1章\拓展练习\导出为PNG透明图像\花.ai

下面练习利用文档的导出命令，将文件导出为PNG透明图像。

📈 **制作思路**

打开素材文档，如图1-118所示，执行"文件"|"导出"|"导出为"命令，在弹出的"导出"对话框中设置保存路径与保存类型（*PNG格式），单击"导出"按钮，在如图1-119所示的对话框中进行设置，完成后效果如图1-120所示。

图 1-118　　　　　　　　　图 1-119　　　　　　　　　图 1-120

第2章
基础元素的绘制与重塑

在Illustrator中，基础元素的绘制与重塑是矢量图形设计的基石。通过熟练掌握各种绘图工具和重塑方法，可以创建出各种复杂而精美的图形效果。本章对基本图形的绘制、线性图形的绘制、路径的擦除与修饰以及路径的调整与变换进行讲解。

2.1　基本图形的绘制

通过绘制矩形、圆角矩形、椭圆、多边形、星形等基本图形，设计师可以构建出设计作品的基础框架。

2.1.1　矩形工具

矩形工具可以绘制矩形和正方形。选择"矩形工具"　，在画板上拖动光标可以绘制自定义大小的矩形和正方形，如图2-1所示。按住Alt键，光标变为田形状时，拖动光标可以绘制以此为中心点向外扩展的矩形；按住Shift键可以绘制正方形；按Shift+Alt组合键绘制以单击处为中心点的正方形。

若要绘制精准的矩形，可以在画板上单击，弹出"矩形"对话框，在该对话框中设置宽度和高度，如图2-2所示，单击"确定"按钮，效果如图2-3所示。

图 2-1　　　　　　　　　图 2-2　　　　　　　　　图 2-3

动手练　化方为圆

📖 **素材位置：** 本书实例\第2章\动手练\化方为圆\化方为圆.ai

本练习介绍将矩形调整为圆形，主要运用的知识点为矩形的绘制与调整。具体操作过程如下。

步骤 01 选择"矩形工具"，绘制和画板等大的矩形，如图2-4所示。

步骤 02 按住鼠标左键拖动矩形任意一角的控制点，如图2-5所示。

步骤 03 释放鼠标后图形效果如图2-6所示。

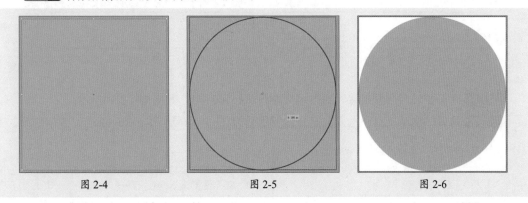

图 2-4　　　　　　　　　图 2-5　　　　　　　　　图 2-6

至此，完成化方为圆的操作。

2.1.2 圆角矩形工具

圆角矩形工具可绘制圆角矩形。选择"圆角矩形工具" ▢后，拖动光标可绘制自定义大小的圆角矩形，如图2-7所示。若要绘制精确的圆角矩形，可以在画板上单击，弹出"圆角矩形"对话框，在该对话框中设置参数，如图2-8所示。单击"确定"按钮，如图2-9所示。

圆角矩形

宽度(W): 400 px
高度(H): 500 px
圆角半径(R): 20 px

确定　　取消

图 2-7　　　　　　　　　　　图 2-8　　　　　　　　　　　图 2-9

动手练 **全圆角搜索框**

📖 **素材位置：本书实例\第2章\动手练\全圆角搜索框\搜索框.ai**

本练习介绍全圆角搜索框的制作，主要运用到的知识点有圆角矩形绘制、符号的应用编辑以及文本的创建。具体操作过程如下。

步骤 **01** 新建宽度为360px、高度为56px的文档，如图2-10所示。

步骤 **02** 选择"圆角矩形工具"，绘制宽度为328px、高度为36px、圆角半径为18px的圆角矩形，如图2-11所示。

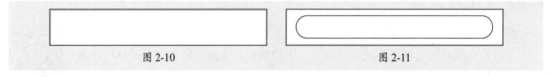

图 2-10　　　　　　　　　　　　　　　　　　图 2-11

步骤 **03** 设置填充为无、描边为1pt、颜色为蓝色（#00A0E9），如图2-12所示。

步骤 **04** 执行"窗口"|"符号库"|"网页图标"命令，在"网页图标"面板中找到"搜索"按钮并拖动至面板中，设置宽高各为16px，如图2-13所示。

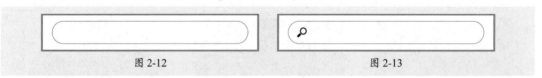

图 2-12　　　　　　　　　　　　　　　　　　图 2-13

步骤 **05** 水平翻转后断开链接，更改填充颜色（#616060），效果如图2-14所示。

步骤 **06** 选择"文字工具"输入文字，设置字号为16pt（思源黑体，Regular），效果如图2-15所示。

图 2-14　　　　　　　　　　　　　　　　　　图 2-15

Illustrator 图形创意设计与制作（AIGC全彩微课版）

步骤 07 选择"矩形工具"绘制宽度为60px、高度为28px的矩形，设置描边为无，填充蓝色（#00A0E9），效果如图2-16所示。

步骤 08 选择"文字工具"输入文字，设置颜色为白色，字号为14pt（思源黑体，Medium），效果如图2-17所示。

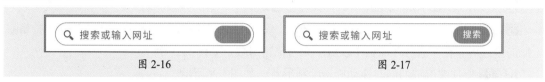

图 2-16   图 2-17

至此，完成全圆角搜索框的制作。

2.1.3 椭圆工具

选择"椭圆工具" 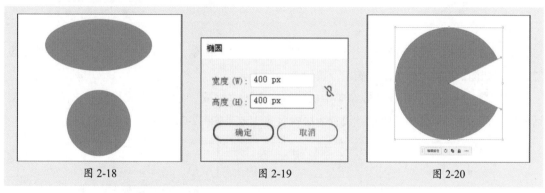，在画板上拖动光标可绘制椭圆形，按住Shift键拖动可绘制圆形，如图2-18所示。若要绘制精确的椭圆形，可以在画板上单击，弹出"椭圆"对话框，在该对话框中设置参数，如图2-19所示。单击"确定"按钮即可。将光标放至控制点，光标变为 形状后，可以将其调整为饼图，如图2-20所示。

图 2-18   图 2-19   图 2-20

2.1.4 多边形工具

多边形工具可以绘制不同边数的多边形。选择"多边形工具" ，在画板上拖动光标可绘制自定义大小的多边形。默认为六边形，按住Shift键可以绘制正六边形，如图2-21所示。若要绘制精确的多边形，可以在画板上单击，弹出"多边形"对话框，在该对话框中设置参数，如图2-22所示，单击"确定"按钮，如图2-23所示。

图 2-21   图 2-22   图 2-23

动手练 几何螺旋迷宫 ————————————————————

📄 **素材位置：本书实例\第2章\动手练\几何螺旋迷宫\几何.ai**

本练习介绍几何螺旋迷宫的制作，主要运用到的知识点有多边形的绘制、扩展以及缩放命令的应用。具体操作过程如下。

步骤 01 选择"多边形工具"，设置"边数"为6，如图2-24所示。单击"确定"按钮后删除生成的多边形。在"属性"面板中设置填充与描边参数，如图2-25所示。

步骤 02 按住波浪键的同时拖动旋转绘制形状，如图2-26所示。

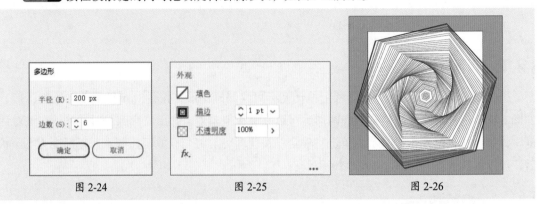

图2-24   图2-25   图2-26

步骤 03 按Ctrl+A组合键全选，执行"对象"|"扩展"命令，在弹出的"扩展"对话框中设置参数，如图2-27所示。单击"确定"按钮。

步骤 04 右击，在弹出的快捷菜单中执行"变换"|"缩放"命令，在弹出的"比例缩放"对话框中设置参数，如图2-28所示。设置为居中对齐，效果如图2-29所示。

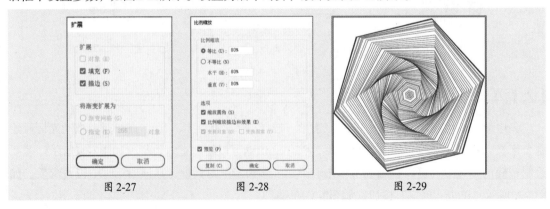

图2-27   图2-28   图2-29

至此，完成几何螺旋迷宫的绘制。

2.1.5 星形工具

星形工具可以绘制不同形状的星形图形。选择"星形工具" ⭐，拖动光标即可绘制自定义大小的星形，在绘制星形的过程中按住Shift键可以绘制正星形，按Alt+Shift组合键，可以从中心点绘制星形，同时保持星形的比例，如图2-30所示。绘制完成后拖动控制点可以调整星形角的度数。若要绘制精确的星形，可以在画板上单击，在弹出的"星形"对话框中设置半径与角点数，如图2-31所示。单击"确定"按钮，如图2-32所示。

图 2-30 　　　　　　　　　　图 2-31 　　　　　　　　　　图 2-32

知识点拨

　　在"星形"对话框中，"半径1"指定从星形中心到星形最内侧点（凹处）的距离；"半径2"指定从星形中心到星形最外侧点（顶端）的距离，即星形的外半径；"角点数"指定星形具有的点数。

动手练 圆角五角星

　　素材位置： 本书实例\第2章\动手练\圆角五角星\五角星.ai

　　本练习介绍圆角五角星的制作，主要运用到的知识点有星形工具以及直接选择工具的应用。具体操作过程如下。

　　步骤 01 选择"星形工具"，设置"半径1"为280px、"半径2"为140px、"角点数"为5，如图2-33所示。

　　步骤 02 设置描边为无，填充红色（#E8403D），如图2-34所示。

　　步骤 03 使用"直接选择工具"调整圆角半径，如图2-35所示。

图 2-33 　　　　　　　　　　图 2-34 　　　　　　　　　　图 2-35

　　至此，完成圆角五角星的绘制。

2.1.6　光晕工具

　　光晕工具创建具有明亮的中心、光晕和射线及光环的光晕对象，从而产生类似于照片中的镜头光晕的效果。选择"光晕工具" ，在画布上拖动，以设置中心和光晕的大小以及旋转射线，如图2-36所示。再次拖动为光晕添加光环，并放置末端手柄，如图2-37所示。若要使用高级选项创建光晕，可以在画板上单击，在弹出的"光晕工具选项"对话框中指定光晕的不透明度、亮度、射线数量、环形路径等参数，如图2-38所示。

图 2-36　　　　　　　　　　图 2-37　　　　　　　　　　图 2-38

2.2 线性图形的绘制

通过掌握直线段工具、弧形绘制方法、螺旋线工具、矩形网格工具以及极坐标工具的使用方法和技巧，设计师可以更加灵活地进行图形创作和设计。

2.2.1 直线段工具

直线段工具可以绘制直线。选择"直线段工具" ⌿，单击以确定直线的起点，拖动光标到所需位置并释放鼠标，以确定直线的终点，如图2-39所示，在控制栏中可以设置描边参数，效果如图2-40所示。若要精确绘制直线段，可以在画板上单击，在弹出的"直线段工具选项"对话框中设置长度、角度等参数，如图2-41所示。

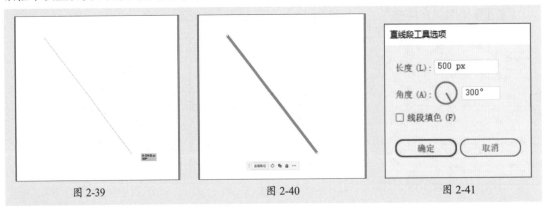

图 2-39　　　　　　　　　　图 2-40　　　　　　　　　　图 2-41

知识点拨

按住Shift键拖动可以绘制水平、垂直或45°角的直线。

2.2.2 弧形工具

弧形工具可以创建曲线路径。选择"弧形工具" ⌒，拖动光标即可完成绘制，如图2-42所示。若要精确绘制弧线，可以在画板上单击，在弹出的"弧线段工具选项"对话框中设置长度、类型、斜率等参数，如图2-43所示。单击"确定"按钮，效果如图2-44所示。

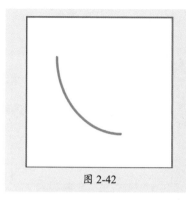
图 2-42

图 2-43

图 2-44

"弧线段工具选项"对话框中各选项的功能如下。

- **X轴长度**：设置弧线的宽度。
- **Y轴长度**：设置弧线的高度。
- **类型**：设置对象为开放路径还是封闭路径。
- **基线轴**：设置弧线的方向坐标轴。
- **斜率**：设置弧线斜率的方向。对凹入（向内）斜率输入负值。对凸起（向外）斜率输入正值。斜率为0将创建直线。
- **弧线填色**：以当前填充颜色为弧线填色。

动手练 弧形的多种闭合状态

📖 **素材位置**：本书实例\第2章\动手练\弧形的多种闭合状态\弧形.ai

本练习介绍弧形的多种闭合状态，主要运用到的知识点为弧线段工具选项的设置。具体操作过程如下。

步骤 01 选择"弧形工具"，在画板上单击，在弹出的"弧线段工具选项"对话框中设置参数，如图2-45所示。

步骤 02 单击"确定"按钮，效果如图2-46所示。若将"斜率"更改为0，效果如图2-47所示。

图 2-45

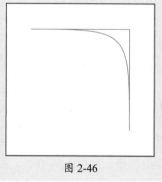
图 2-46

图 2-47

步骤 03 若将"斜率"更改为60，如图2-48所示。

步骤 04 若将"斜率"更改为100，效果如图2-49所示。

步骤 05 若在绘制过程中，按住上、下方向键可以控制弧线的弧度，效果如图2-50所示。达到目标弧度后释放鼠标即可。

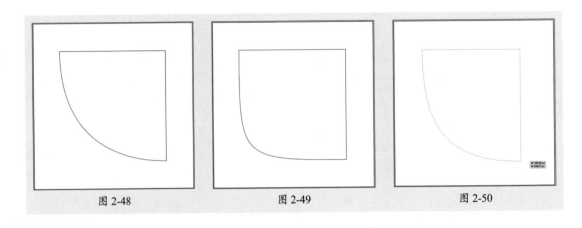

图 2-48   图 2-49   图 2-50

2.2.3 螺旋线工具

螺旋线工具可以绘制螺旋形。选择"螺旋线工具" ⊚，拖动光标可绘制自定义大小的螺旋线，如图2-51所示。若要绘制精准的螺旋线，可以在画板上单击，在弹出的"螺旋线"对话框中设置半径、段数等参数，如图2-52所示。单击"确定"按钮，效果如图2-53所示。

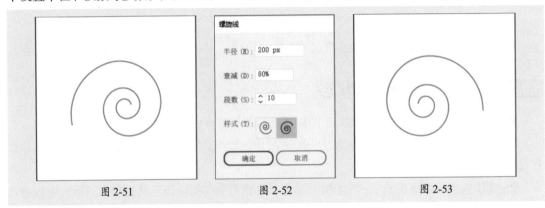

图 2-51   图 2-52   图 2-53

"螺旋线"对话框中各选项的功能如下。

- **半径：**设置从中心到螺旋线最外点的距离。
- **衰减：**设置螺旋线的每一螺旋相对于上一螺旋应减少的量。
- **段数：**设置螺旋线具有的线段数。螺旋线的每一完整螺旋由四条线段组成。
- **样式：**设置螺旋线方向，如图2-51和图2-53所示为不同方向的螺旋线。

2.2.4 矩形网格工具

矩形网格工具可以绘制指定大小和指定分隔线数目的矩形网格。选择"矩形网格工具" ▦，拖动光标可绘制自定义大小的矩形网格，如图2-54所示。若要绘制精准的矩形网格，可以在画板上单击，在弹出的"矩形网格工具选项"对话框中设置宽度、长度、水平分隔线数量、垂直分隔线数量等参数，如图2-55所示。单击"确定"按钮，效果如图2-56所示。

"矩形网格工具选项"对话框中各选项的功能如下。

- **默认大小：**设置整个网格的宽度和高度。
- **水平分隔线：**设置在网格顶部和底部之间出现的水平分隔线数量。"倾斜"值决定水平分隔线倾向网格顶部或底部的程度。

- **垂直分隔线**：设置在网格左侧和右侧之间出现的分隔线数量。"倾斜"值决定垂直分隔线倾向于左侧或右侧的方式。
- **使用外部矩形作为框架**：以单独矩形为对象替换顶部、底部、左侧和右侧线段。
- **填色网格**：以当前填充颜色填色网格（否则，填色设置为无）。

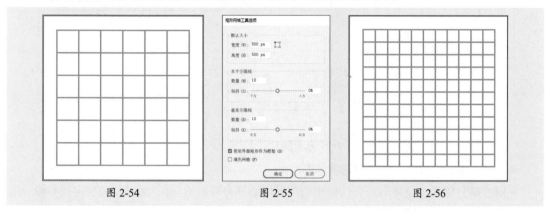

图 2-54   图 2-55   图 2-56

动手练 经典横格纸

📄 **素材位置：本书实例\第2章\动手练\经典横格纸\横格.ai**

本练习介绍经典横格纸效果的制作，主要运用到的知识点有矩形网格工具选项的设置以及直接选择工具的应用。具体操作过程如下。

步骤 01 选择"矩形网格工具"，在画板上单击，在弹出的"矩形网格工具选项"对话框中设置参数，如图2-57所示。

步骤 02 单击"确定"按钮，效果如图2-58所示。

步骤 03 使用"直接选择工具"选择边缘，连续按两次Delete键删除，效果如图2-59所示。

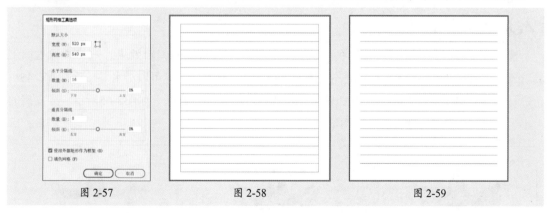

图 2-57   图 2-58   图 2-59

至此，完成经典横格纸的制作。

2.2.5 极坐标工具

极坐标网格工具可以绘制类似同心圆的放射线效果。选择"极坐标网格工具"🔘，拖动光标可绘制自定义大小的极坐标网格，如图2-60所示。若要绘制精准的极坐标网格，可以在画板上单击，在弹出的如图2-61所示的"极坐标网格工具选项"对话框中设置，效果如图2-62所示。

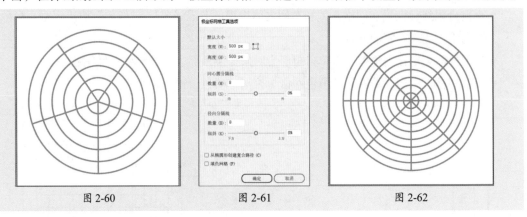

| 图 2-60 | 图 2-61 | 图 2-62 |

"极坐标网格工具选项"对话框中各选项的功能如下。

- **默认大小**：设置整个网格的宽度和高度。
- **同心圆分隔线**：设置出现在网格中的圆形同心圆分隔线数量。"倾斜"值决定同心圆分隔线倾向于网格内侧或外侧的方式。
- **径向分隔线**：设置网格中心和外围之间出现的径向分隔线数量。"倾斜"值决定径向分隔线倾向于网格逆时针或顺时针的方式。
- **从椭圆形创建复合路径**：将同心圆转换为独立复合路径并每隔一个圆填色。

2.3 路径的擦除与修饰

通过掌握橡皮擦工具、剪刀工具和美术刀工具的使用方法和技巧，可以更有效地进行路径的擦除与修饰，提升设计效率。

2.3.1 橡皮擦工具

橡皮擦工具可以沿路径或图形的边缘进行擦除，实现精确的编辑效果。选择"橡皮擦工具" ，拖动光标以擦除不需要的部分，如图2-63所示。按住Shift键可以沿水平、垂直或者45°角进行擦除，如图2-64所示。按住Alt键可以以矩形的方式进行擦除，如图2-65所示。橡皮擦的大小、形状和角度等属性可以通过调整工具控制栏中的参数来设置。

| 图 2-63 | 图 2-64 | 图 2-65 |

动手练 不规则圆环

📄 **素材位置：本书实例\第2章\动手练\不规则圆环\圆环.ai**

本练习介绍如何快速绘制不规则圆环，主要运用到的知识点为橡皮擦工具。具体操作过程如下。

步骤 01 选择"椭圆工具"，按Shift+Alt组合键从中心等比例绘制正圆，如图2-66所示。

步骤 02 选择"橡皮擦工具"，在英文状态下，按]键调整画笔大小，效果如图2-67所示。

步骤 03 单击即可擦除，生成不规则圆环效果，如图2-68所示。

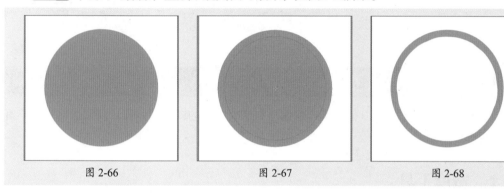

图 2-66　　　　　　　　图 2-67　　　　　　　　图 2-68

至此，完成不规则圆环的制作。

2.3.2　剪刀工具

剪刀工具主要用于在路径的特定位置（如锚点）进行分割，将一条路径切割成两条独立的路径。选择"剪刀工具"，在需要分割的路径上单击锚点，如图2-69所示。路径将在该锚点处断开，形成独立的路径，如图2-70和图2-71所示。

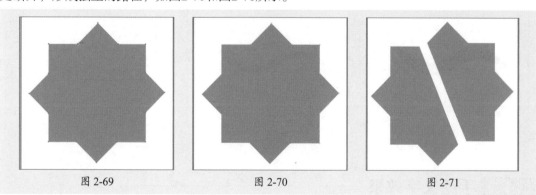

图 2-69　　　　　　　　图 2-70　　　　　　　　图 2-71

2.3.3　美术刀工具

美术刀工具主要用于切割图形或路径，但与橡皮擦和剪刀工具不同，美术刀工具在切割时不会删除任何部分，而是将图形或路径分割成多个独立的部分。选择"美术刀工具"，在图形或路径上拖动光标以绘制切割线，如图2-72所示。释放鼠标时，图形或路径将沿着切割线被分割成多个独立的部分，如图2-73所示。若被分割的图形具有填充和描边属性，分割后的部分将完整保存该样式，如图2-74所示。

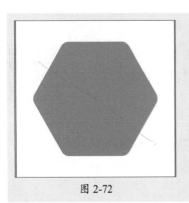
图 2-72

图 2-73

图 2-74

2.4 路径的调整与变换

路径的调整与变换工具可以帮助设计师创建和修改复杂的图形和路径，以创造出更加丰富和多样的图形效果。

2.4.1 宽度工具

宽度工具主要用于调整路径的描边宽度，使线条在不同区域产生粗细变化，增加设计的表现力。使用"宽度工具"选择需要调整宽度的路径，单击并拖动路径上的锚点，即可改变其宽度。向外拖动则会变宽，如图2-75所示；向内拖动会使路径变窄，如图2-76所示。双击路径上的宽度点，在弹出的"宽度点数编辑"对话框中可以对路径宽度的边线、总宽度的参数进行调整，如图2-77所示。

图 2-75

图 2-76

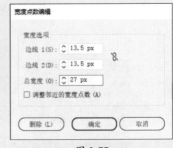
图 2-77

动手练 手绘文字效果

📎 **素材位置：本书实例\第2章\动手练\手绘文字效果\手绘文字.ai**

本练习介绍手绘文字效果的制作，主要运用到的知识点为钢笔工具和宽度工具的使用。具体操作过程如下。

步骤 01 选择"钢笔工具"绘制路径，如图2-78所示。

步骤 02 选择"宽度工具"单击并拖动路径上的锚点更改其宽度，效果如图2-79所示。

步骤 03 使用相同的方法，对剩下的路径执行相同的操作，效果如图2-80所示。

| 图 2-78 | 图 2-79 | 图 2-80 |

至此，完成手绘文字效果的制作。

2.4.2 变形工具

变形工具能够扭曲和变形路径，创建更加自由和动态的形状。选择"变形工具"，或在工具栏中双击"变形工具"，在弹出的"变形工具选项"对话框中设置画笔、变形等参数，如图2-81所示。选择需要变形的路径，拖动路径上的控制点来改变其形状，如图2-82所示，释放鼠标即可应用变形效果，如图2-83所示。

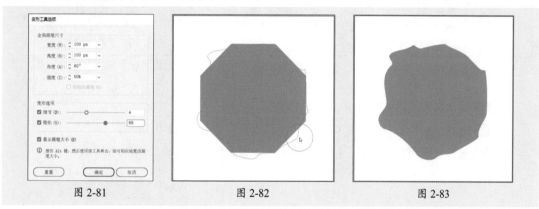

| 图 2-81 | 图 2-82 | 图 2-83 |

2.4.3 旋转扭曲工具

旋转扭曲工具能够围绕某个中心点旋转路径的部分。通过调整旋转角度，可以实现旋转的效果。在工具栏中双击"旋转扭曲工具"，在弹出的"旋转扭曲工具选项"对话框中设置画笔、旋转扭曲等参数，如图2-84所示。选择"旋转扭曲工具"，拖动锚点调整扭曲的角度和强度，释放鼠标即可应用旋转扭曲效果。图2-85和图2-86所示分别为长按和拖动效果图。

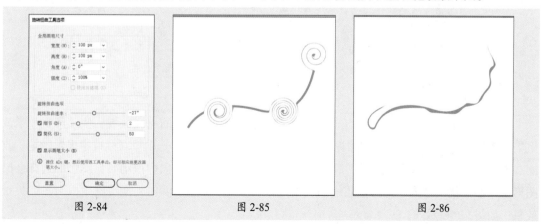

| 图 2-84 | 图 2-85 | 图 2-86 |

动手练 卡通棒棒糖

📖 **素材位置：本书实例\第2章\动手练\卡通棒棒糖\棒棒糖.ai**

本练习介绍卡通棒棒糖的制作，主要运用到的知识点有圆角矩形工具、旋转扭曲工具、直接选择工具的应用。具体操作过程如下。

步骤 01 选择"圆角矩形工具"绘制圆角矩形，如图2-87所示。

步骤 02 选择"旋转扭曲工具"，置于上边缘路径处，长按生成旋转扭曲效果，如图2-88所示。

步骤 03 选择"美术刀工具"，在连接处进行切割，效果如图2-89所示。

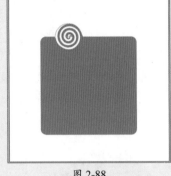

| 图 2-87 | 图 2-88 | 图 2-89 |

步骤 04 等比例放大后旋转320°，效果如图2-90所示。

步骤 05 选择"直接选择工具"调整路径使其闭合，效果如图2-91所示。

步骤 06 选择"圆角矩形工具"绘制圆角矩形并置于底层，效果如图2-92所示。

| 图 2-90 | 图 2-91 | 图 2-92 |

至此，完成棒棒糖效果的制作。

2.4.4 缩拢工具

缩拢工具主要用于改变图形边缘的形状，通过拖动图形边缘的点或区域，使其产生收紧或聚集的效果。在工具栏中双击"缩拢工具"，在弹出的"缩拢工具选项"对话框中设置画笔、收缩等参数，如图2-93所示。选择"缩拢工具" ⚹，在图形的边缘向内拖动时，图形的边缘会向图形的中心聚拢，形成一种向内收缩的圆滑效果，如图2-94所示。向外拖动则生成聚集的尖锐效果，如图2-95所示。

图 2-93

图 2-94

图 2-95

2.4.5 膨胀工具

膨胀工具与缩拢工具相对，允许用户拉伸或收缩对象的边缘，以创建更加圆润或紧凑的外观。在工具栏中双击"膨胀工具"，在弹出的"膨胀工具选项"对话框中设置画笔、膨胀等参数，如图2-96所示。选择"膨胀工具" ，将光标置于路径外向内拖动应用收缩效果，如图2-97所示。将光标置于路径外拖动应用膨胀效果，拖动的距离越远，效果越明显，如图2-98所示。

图 2-96

图 2-97

图 2-98

动手练 泡泡对话框

📖 **素材位置：本书实例\第2章\动手练\泡泡对话框\对话框.ai**

本练习介绍泡泡对话框的制作，主要运用到的知识点有椭圆工具、膨胀工具、直接选择工具以及宽度工具的使用。具体操作过程如下。

步骤 01 选择"椭圆工具"绘制宽高各为300px的正圆，如图2-99所示。

步骤 02 选择"膨胀工具"，设置宽高各为300px，在正圆的内边缘进行拖动调整，效果如图2-100所示。使用"直接选择工具"选中路径，使用"添加锚点工具"添加锚点，效果如图2-101所示。

步骤 03 选择中间的锚点，向左拖动，效果如图2-102所示。

步骤 04 切换填色和描边，设置描边为3pt，如图2-103所示。

步骤 05 选择"宽度工具"，单击并拖动路径上的锚点更改其宽度，效果如图2-104所示。

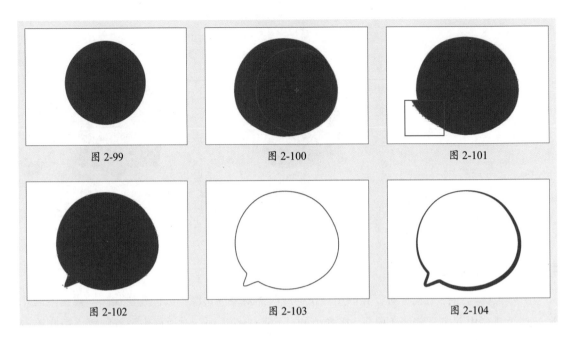

图 2-99　　　　　　　　　　图 2-100　　　　　　　　　　图 2-101

图 2-102　　　　　　　　　　图 2-103　　　　　　　　　　图 2-104

至此，完成泡泡对话框的制作。

2.4.6　扇贝工具

扇贝工具主要用于在图形的边缘创建波浪状或起伏的效果，类似于贝壳的纹理。在工具栏中双击"扇贝工具"，在弹出的"扇贝工具选项"对话框中设置画笔、扇贝等参数，如图2-105所示。选择"扇贝工具" 🖑，将光标移动到图形的边缘，按住鼠标并拖动，即可在图形的边缘产生扇贝变形效果，如图2-106所示，释放鼠标即可应用效果，如图2-107所示。在拖动过程中，可以通过调整光标的移动速度和方向来控制变形效果的强度和方向。

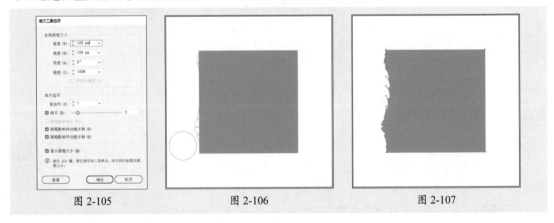

图 2-105　　　　　　　　　　图 2-106　　　　　　　　　　图 2-107

2.4.7　晶格化工具

晶格化工具可以使图形对象产生由内向外的推拉延伸的变形效果。在工具栏中双击"晶格化工具"，在弹出的"晶格化工具选项"对话框中设置画笔、晶格化等参数，如图2-108所示。选择"晶格化工具" 🖑，将光标移动到图形的边缘，按住鼠标并拖动，即可在图形的边缘产生晶格化变形效果，如图2-109所示，释放鼠标即可应用效果，如图2-110所示。

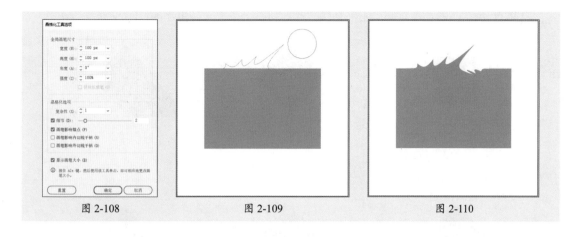

图 2-108 图 2-109 图 2-110

2.4.8 皱褶工具

皱褶工具可以在图形对象的边缘处产生褶皱感变形效果。在工具栏中双击"皱褶工具"，在弹出的"皱褶工具选项"对话框中设置画笔、皱褶等参数，如图2-111所示。选择"皱褶工具"，按住鼠标左键沿图形边缘拖动，即可产生皱褶变形效果，如图2-112所示，释放鼠标即可应用效果，如图2-113所示。

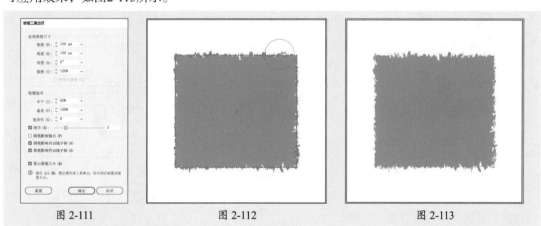

图 2-111 图 2-112 图 2-113

2.5 案例实战：几何风车

📄 **素材位置：本书实例\第2章\案例实战\几何风车\风车.ai**

本案例介绍几何风车的绘制，主要运用到的知识点有矩形工具、橡皮擦工具、椭圆工具的使用方法。具体操作过程如下。

步骤 01 选择"矩形工具"绘制宽高各为200px的矩形，如图2-114所示。

步骤 02 在"属性"面板中设置旋转角度为45°，效果如图2-115所示。

步骤 03 按住Alt键移动并复制矩形，使用"橡皮擦工具"，按住Alt键自左向右拖动擦除复制的矩形，效果如图2-116所示。

步骤 04 继续按住Alt键自上向下拖动擦除，效果如图2-117所示。

步骤 05 更改颜色后垂直翻转，与矩形上方的顶点对齐，效果如图2-118所示。

步骤 06 按住Alt键移动复制后水平翻转，移动到合适位置，效果如图2-119所示。

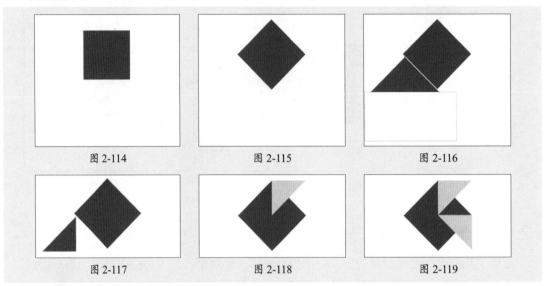

图 2-114　　　　　　　图 2-115　　　　　　　图 2-116

图 2-117　　　　　　　图 2-118　　　　　　　图 2-119

步骤 07 按住Alt键移动复制右侧三角形后垂直翻转，移动到合适位置，效果如图2-120所示。使用相同的方法，移动复制三角形后水平翻转，移动至合适位置，效果如图2-121所示。

步骤 08 选择"椭圆工具"，按Shift+Alt组合键从中心等比例绘制正圆，更改填充颜色，效果如图2-122所示。

图 2-120　　　　　　　图 2-121　　　　　　　图 2-122

步骤 09 选择正圆，右击，在弹出的快捷菜单中执行"变换"|"缩放"命令，在弹出的"比例缩放"对话框中设置参数，如图2-123所示。

步骤 10 单击"复制"按钮，更改填充颜色，效果如图2-124所示。

步骤 11 选择"矩形工具"绘制矩形并填充颜色，设置圆角半径为4px，置于底层。按Ctrl+A组合键全选调整旋转角度，效果如图2-125所示。

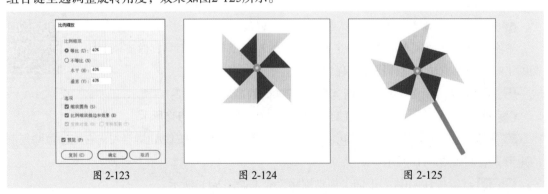

图 2-123　　　　　　　图 2-124　　　　　　　图 2-125

至此，完成几何风车的绘制。

2.6 拓展练习

练习1 射击靶子

📖 **素材位置：本书实例\第2章\拓展练习\射击靶子\靶子.ai**

下面练习利用极坐标网格工具绘制射击靶子图形。

📊 制作思路

使用"极坐标网格工具"创建数量为8的同心圆效果，更改描边为3pt，效果如图2-126所示。选择内部的6个圆更改填充与描边，效果如图2-127所示。使用"文字工具"输入靶子的环数，效果如图2-128所示。

图 2-126

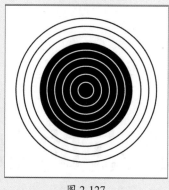
图 2-127

图 2-128

练习2 卡通中巴车

📖 **素材位置：本书实例\第2章\拓展练习\卡通中巴车\中巴车.ai**

下面练习利用矩形工具和椭圆工具绘制卡通中巴车效果。

📊 制作思路

选择"矩形工具"绘制中巴车的框架，效果如图2-129所示。继续绘制窗户、门等装饰，如图2-130所示。使用"椭圆工具"绘制轮胎、车灯等效果，如图2-131所示。

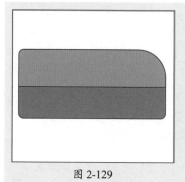
图 2-129

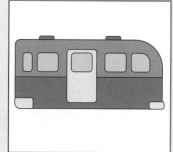
图 2-130

图 2-131

第3章
路径与锚点的创意雕刻

路径和锚点在Illustrator中具有广泛的应用和灵活的编辑方式，它们共同构成了矢量图形设计的基础。本章将详细讲解路径与锚点的概念，以及钢笔工具、画笔工具、铅笔工具的使用方法和技巧，同时还将介绍复合路径与形状的应用。

3.1 认识路径和锚点

路径和锚点是矢量图形设计中的基本概念，它们共同构成了图形的轮廓和形状。通过编辑和调整路径上的锚点及其控制线，用户可以创建出各种复杂而精确的图形。

▌3.1.1 路径的组成

路径是矢量图形中的基本元素，由多个元素组合而成，共同定义了图形的轮廓和形状。

1. 锚点

锚点是路径上的关键点，它们定义了线段的起点和终点，同时也是曲线段形状和方向的控制点。在编辑路径时，锚点是可以被选择和移动的，通过调整锚点的位置，可以改变路径的形状。下面分别介绍平滑点和角点这两种特殊类型的锚点。

（1）平滑点。用于创建平滑的曲线段。平滑点通常具有两个方向线（控制线），如图3-1所示，通过调整方向线的长度和方向，可以控制曲线的弯曲程度和方向，如图3-2所示。

（2）角点。用于创建直线段之间的角度转折。角点可能没有方向线（表示直线段），如图3-3所示，或者只有一个方向线用于创建特定的曲线效果。

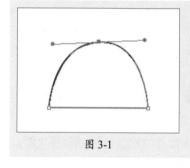
图 3-1

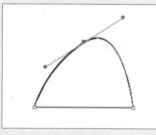
图 3-2

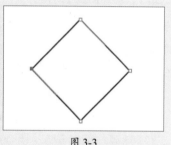
图 3-3

2. 线段

线段是连接锚点的直线或曲线部分，它们共同构成了路径的整体形状。线段的类型和长度决定了路径的基本轮廓。

3. 方向线（控制线）和方向点

方向线也称控制线，在曲线段中，从锚点延伸出来的虚线，用于控制曲线的形状和方向。控制线的方向和长度决定了曲线的弯曲程度和方向。方向点是控制线末端的点，通过拖动方向点可以调整控制线的长度和方向，从而改变曲线的形状。

> **知识点拨**
>
> 虽然填充和描边不是路径的直接组成部分，但它们与路径紧密相关。填充定义了路径内部的颜色或图案，描边则定义了路径边界的线条样式、颜色和宽度。

▌3.1.2 开放路径

开放路径是指起始点与终止点不相连接的路径。由于没有闭合边界的限制，开放路径在图形设计中具有更高的灵活性。它可以轻松地被拉伸、扭曲、旋转或与其他路径结合，以适应各种设计需求，其应用场景如下。

- **线条绘制**：开放路径常用于绘制各种线条，如直线、折线、曲线等，如图3-4所示。
- **箭头和指示器**：通过在开放路径的末端添加箭头或其他指示器，可以创建指向性强的图形元素，用于引导用户的视线或指示方向，如图3-5所示。
- **波浪线**：开放路径的灵活性使得它非常适合用于绘制波浪线、螺旋线等图形，如图3-6所示。

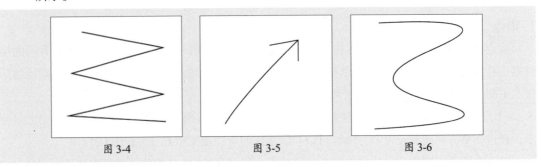

图3-4　　　　　　　　图3-5　　　　　　　　图3-6

3.1.3　闭合路径

闭合路径是指起始点与终止点相连接的曲线，形成一个封闭的图形。闭合路径提供了一个明确的边界，使得图形内部的区域可以被视为一个整体，从而方便进行填色、描边等操作。闭合路径的应用场景如下。

- **图标设计**：使用闭合路径来绘制各种形状的图标，如圆形、矩形、多边形等，以表示不同的功能或状态，如图3-7所示。
- **插画与图形元素**：闭合路径常用于绘制复杂图形的轮廓或内部结构。通过组合多个闭合路径，可以创建出丰富多样的图形元素和图案，如图3-8所示。
- **UI设计**：闭合路径用于设计各种界面元素，如按钮、文本框、选项卡等，如图3-9所示。这些元素通常具有明确的边界和填充颜色，以提高界面的可读性和美观度。

图3-7　　　　　　　　图3-8　　　　　　　　图3-9

3.2　钢笔工具组

钢笔工具组是一个功能强大的工具集合，它允许设计师以高精度和灵活性创建和编辑矢量图形。

3.2.1　钢笔工具

钢笔工具主要用于创建直线和曲线路径。选择"钢笔工具" ，按住Shift键可以绘制水平、垂直或以45°角倍增的直线路径，如图3-10所示；若绘制曲线线段，可以在曲线改变方向的位置添加一个锚点，然后拖动构成曲线形状的方向线，释放鼠标即可，效果如图3-11和图3-12所示。方向线的长度和斜度决定曲线的形状。

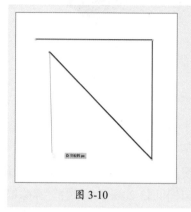 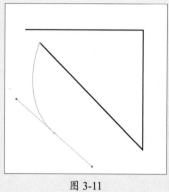 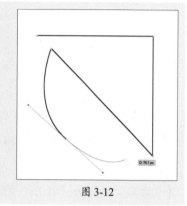

图 3-10　　　　　　　　　图 3-11　　　　　　　　　图 3-12

动手练 红心图案

📖 **素材位置：本书实例\第3章\动手练\红心绘制\心形.ai**

本练习介绍如何绘制心形并填充颜色，主要运用到的知识点有参考线、钢笔工具以及拾色器等。具体操作过程如下。

步骤 **01** 创建多个对称参考线，如图3-13所示。

步骤 **02** 使用"钢笔工具"绘制路径，如图3-14所示。

步骤 **03** 按住Alt键，将光标悬停在路径线段上，光标将变为"线段变形"光标 ，向外拖动，如图3-15所示。

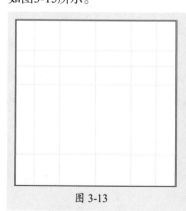 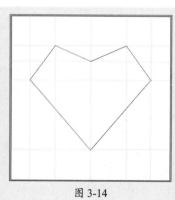 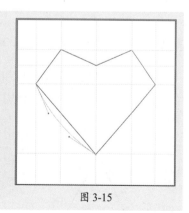

图 3-13　　　　　　　　　图 3-14　　　　　　　　　图 3-15

步骤 **04** 释放鼠标应用效果，如图3-16所示。

步骤 **05** 使用相同的方法对剩下的路径执行相同的操作，如图3-17所示。

步骤 **06** 更改填充颜色为红色，描边为无，隐藏参考线，效果如图3-18所示。

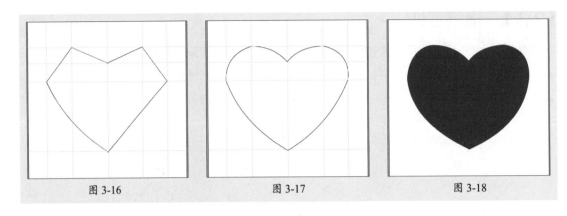

图 3-16   图 3-17   图 3-18

至此，完成心形的绘制。

3.2.2 添加与删除锚点工具

添加锚点工具主要用于在现有路径上增加新的锚点，以便进一步编辑路径的形状。选择"添加锚点工具" ，单击任意路径段，即可添加锚点，如图3-19和图3-20所示。选择"删除锚点工具" 单击锚点，即可删除锚点，图3-21所示为删除右上角锚点的效果。

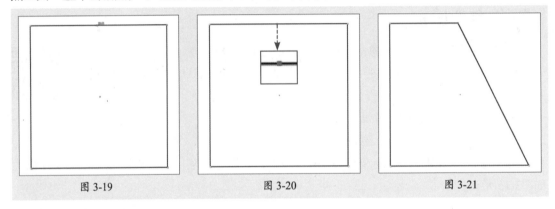

图 3-19   图 3-20   图 3-21

3.2.3 锚点工具

锚点工具可以切换锚点类型以形成尖角或曲线。选择"锚点工具" ，将光标定位在需要转换的锚点上方，将方向点拖出角点以创建平滑点，如图3-22和图3-23所示。单击平滑点创建没有方向线的角点。单击并拖动任意一边方向点可将平滑点转换成具有独立方向线的角点，如图3-24所示。

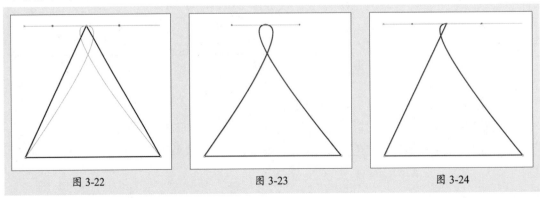

图 3-22   图 3-23   图 3-24

3.2.4 曲率工具

曲率工具可简化路径创建，使绘图变得简单、直观，无须更换工具即可完成创建、切换、编辑、添加或删除平滑点或角点。使用"曲率工具" ✍，在画板上设置两个锚点，如图3-25所示。查看橡皮筋预览，可以根据光标悬停位置显示生成路径的形状，如图3-26所示。若要创建角点，双击或者单击的同时按住Alt键，效果如图3-27所示。

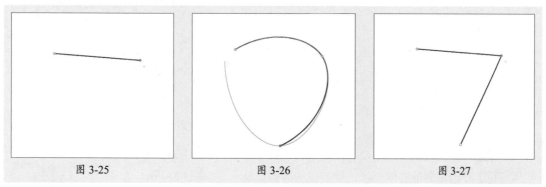

图 3-25　　　　　　　　图 3-26　　　　　　　　图 3-27

知识点拨

除此之外，还可以执行以下几项操作。

- 按住Alt键并单击可继续向现有的路径或形状中添加点。
- 双击或连续两次点击一个点可在平滑点或角点之间切换。
- 单击任意一个锚点并拖动，可移动该点的位置。
- 单击任意一个锚点，按Delete键可删除该点，但曲线仍将保留。
- 按Esc键可停止绘制。

动手练 橙色南瓜

📖 **素材位置：本书实例\第3章\动手练\橙色南瓜\南瓜.ai**

本练习介绍如何绘制南瓜图形并填色，主要运用到的知识点有曲率工具、图层顺序以及颜色的应用。具体操作过程如下。

步骤 01 选择"曲率工具"绘制闭合路径，如图3-28所示。

步骤 02 添加锚点并调整显示，如图3-29所示。

步骤 03 按住Alt键移动复制，调整图层顺序（置于底层），调整高度，如图3-30所示。

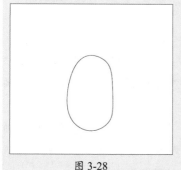
图 3-28

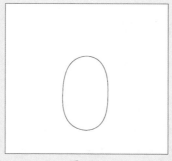
图 3-29

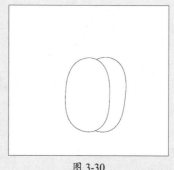
图 3-30

步骤 **04** 继续按住Alt移动复制，向左移动，如图3-31所示。

步骤 **05** 按住Alt键移动复制，调整图层顺序（置于底层），调整旋转角度，如图3-32所示。

步骤 **06** 按住Alt键移动复制并移动至右侧，在"属性"面板中单击"水平翻转"按钮▶◀，使用"直接选择工具"调整部分路径后，继续调整旋转角度，如图3-33所示。

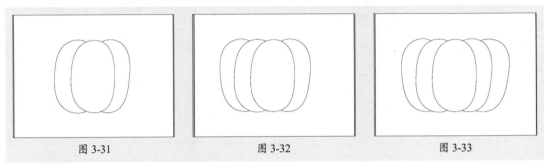

图 3-31 　　　　　　　　图 3-32 　　　　　　　　图 3-33

步骤 **07** 选择"曲率工具"绘制路径形状，置于底层，如图3-34所示。

步骤 **08** 分别复制最右侧形状，置于底层后调整显示，如图3-35所示。

步骤 **09** 分别填充颜色（#F39800、#006934），全选后编组，设置水平、垂直居中对齐，如图3-36所示。

图 3-34 　　　　　　　　图 3-35 　　　　　　　　图 3-36

至此，完成橙色南瓜的绘制。

3.3 画笔工具组

画笔工具可以创建各种自定义的笔触效果。这些笔触可以模拟真实的画笔、铅笔、马克笔等，也可以创建独特的艺术效果和纹理。

3.3.1 "画笔"面板与画笔库

"画笔"面板是Illustrator中用于创建、编辑和存储画笔样式的地方，它允许用户通过调整画笔的各种属性（如大小、形状、角度、圆度等）来定制独特的笔触效果。执行"窗口"|"画笔"命令或按F5键，弹出"画笔"面板，如图3-37所示。

画笔库是Illustrator中用于管理和访问预设画笔样式的地方。单击"画笔"面板底部的"画笔库菜单"按钮 ▥.，在弹出的菜单中选择相应画笔，如图3-38所示。或执行"窗口"|"画笔库"|"[库]"命令，打开相关库面板。图3-39所示为"艺术效果_油墨"画笔面板。

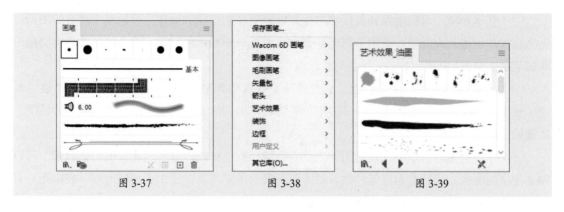

图 3-37   图 3-38   图 3-39

选择"画笔工具" <img>，拖动可绘制曲线路径，按住Shift键可以绘制水平、垂直或以45°角倍增的直线路径，如图3-40所示。更改变量宽度配置文件，效果如图3-41所示。图3-42所示为应用"艺术效果_油墨_书法1"的效果。

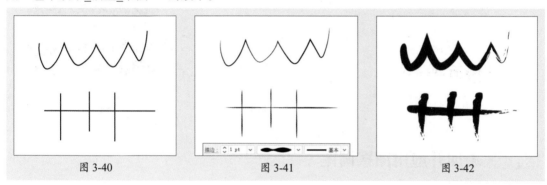

图 3-40   图 3-41   图 3-42

知识点拨

画笔工具的"变量宽度配置文件"是指一种允许用户为路径设置不同宽度的功能，使得绘制的线条或形状具有更丰富的视觉效果。

3.3.2 画笔类型

Illustrator提供了多种类型的画笔，每种类型都有其独特的特点和用途，下面对常见的画笔类型逐一介绍。

（1）书法画笔。创建的描边类似于使用书法钢笔带拐角的尖绘制的描边以及沿路径中心绘制的描边，如图3-43所示。

（2）散点画笔。将一个对象（如一只瓢虫或一片树叶）的许多副本沿着路径分布，可以调整散布的密度、大小、旋转和颜色变化等参数。适用于创建树叶、草丛、毛发、雪花等自然元素的散布效果，或者用于装饰和纹理的添加，如图3-44所示。

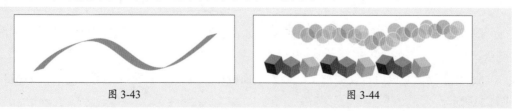

图 3-43   图 3-44

（3）艺术画笔。可以沿路径长度均匀拉伸画笔笔触的形状和纹理。可以基于现有的图形、图案或纹理创建艺术画笔。适用于创建复杂的艺术效果，如抽象纹理、手绘线条或具有特定形状的笔触，如图3-45所示。

（4）毛刷画笔。使用毛刷创建具有自然画笔外观的画笔描边，可以调整毛刷的密度、长度、粗细、形状和颜色变化等参数。适用于需要表现出自然、真实或艺术化笔触效果的插图、绘画或纹理创作，如图3-46所示。

（5）图案画笔。可以将选定的图案或纹理沿路径重复排列，以创建连续的图案效果，可以调整图案的缩放、旋转和偏移等参数，以实现所需的视觉效果。适用于创建边框、装饰条、背景纹理或具有重复图案的元素，如图3-47所示。

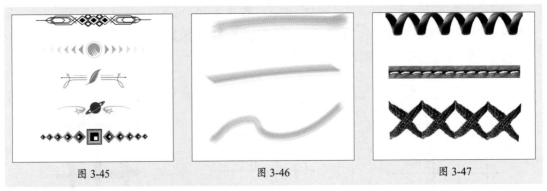

| 图 3-45 | 图 3-46 | 图 3-47 |

动手练 添加并应用图案画笔

📒 **素材位置：本书实例\第3章\动手练\添加并应用图案画笔\图案.ai**

本练习介绍如何添加并应用图案画笔，主要运用到的知识点有符号和画笔的设置等。具体操作过程如下。

步骤 01 打开"花朵"符号面板，如图3-48所示。

步骤 02 选择"紫菀"拖动至画板，如图3-49所示。

步骤 03 打开"画笔"面板，单击"新建画笔"按钮□，弹出"新建画笔"对话框，如图3-50所示。

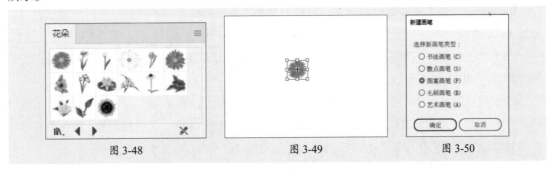

| 图 3-48 | 图 3-49 | 图 3-50 |

步骤 04 选择"图案画笔"选项，在弹出的"图案画笔选项"对话框中设置参数，如图3-51所示。

步骤 05 设置完成后自动添加至"画板"面板中，自由绘制即可应用该笔触，如图3-52和图3-53所示。

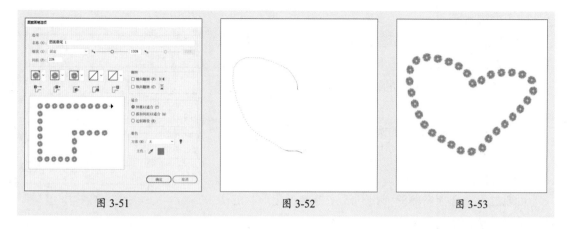

图 3-51　　　　　　　　　　　　图 3-52　　　　　　　　　　　　图 3-53

至此，完成图案画笔的添加。

3.3.3　画笔的设置与编辑

了解和掌握画笔工具选项设置和画笔选项设置，可以充分利用画笔功能创造出丰富多样的艺术效果。

1. 画笔工具选项设置

在使用画笔工具之前，可以通过工具选项栏进行一些基本设置。在工具栏中双击"画笔工具"，弹出"画笔工具选项"对话框，如图3-54所示。该对话框中各选项功能如下。

- **保真度：** 控制画笔工具在绘制线条时保持原有比例和形状的能力。画笔保真度越高，线条在不同尺寸下的形状和比例就越接近原始状态，从而确保设计的一致性和精确性。图3-55所示为不同保真度的效果（精确、默认、平滑）。
- **填充新画笔描边：** 将填色应用于路径。
- **保持选定：** 确定在绘制路径之后是否让Illustrator保持路径的选中状态。
- **编辑所选路径：** 确定是否可以使用画笔工具更改现有路径。
- **范围：** 用于确定光标与现有路径相距多大距离之内，才能使用画笔工具来编辑路径。该选项仅在勾选"编辑所选路径"复选框时可用。

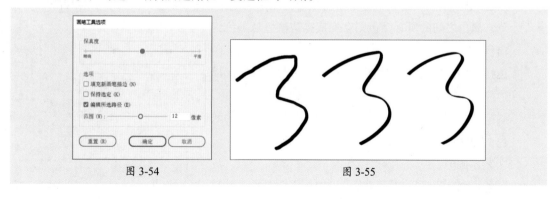

图 3-54　　　　　　　　　　　　　　　　图 3-55

2. 画笔选项设置

在"画笔"面板中选中画笔后，单击"菜单"按钮，在弹出的菜单中选择"画笔选项"，弹出"画笔选项"对话框，不同的画笔可以指定不同的选项。

（1）书法画笔。

在"书法画笔选项"对话框中可以创建出流畅且富有表现力的线条，如图3-56所示。

- **角度：** 设置画笔笔尖的角度，影响线条的方向和倾斜度。
- **圆度：** 调整画笔笔尖的圆度，使线条边缘更加平滑或尖锐。
- **大小：** 设置笔刷的宽度。

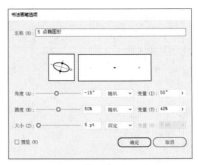

图 3-56

可通过每个选项右侧的弹出列表来控制画笔形状的变化，常用的有"随机""固定"。

- **随机：** 创建角度、圆度或直径含有随机变量的画笔。在"变量"框中输入一个值，指定画笔特征的变化范围。
- **固定：** 创建具有固定角度、圆度或直径的画笔。

（2）散点画笔。

在"散点画笔选项"对话框中可以根据需要创建出各种风格的散点效果，如图3-57所示。

- **大小：** 控制对象大小。
- **间距：** 控制对象间的距离。
- **分布：** 控制路径两侧对象与路径之间的接近程度。数值越大，对象距路径越远。
- **旋转：** 控制对象的旋转角度。
- **旋转相对于：** 设置散布对象相对于页面或路径的旋转角度。

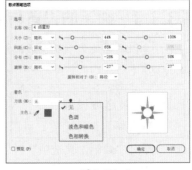

图 3-57

在"着色"选项中可以设定着色处理方法。

- **无：** 选择"无"选项时，可使画笔与"画笔"面板中的颜色保持一致。
- **色调：** 以浅淡的描边颜色显示画笔描边。图稿的黑色部分会变为描边颜色，不是黑色的部分则会变为浅淡的描边颜色，白色依旧为白色。
- **淡色和暗色：** 以描边颜色的淡色和暗色显示画笔描边。"淡色和暗色"会保留黑色和白色，黑白之间的所有颜色则会变成描边颜色从黑色到白色的混合。
- **色相转换：** 画笔图稿中使用主色的每部分都会变成描边颜色（默认情况下，主色是图稿中最突出的颜色）。画笔图稿中的其他颜色，则会变为与描边色相关的颜色。"色相转换"会保留黑色、白色和灰色。

（3）艺术画笔。

在"艺术画笔选项"对话框中可以根据需要灵活调整笔触的外观和行为，以满足不同的设计需求，如图3-58所示。

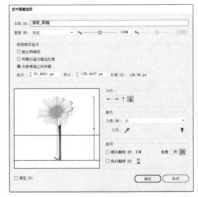

图 3-58

- **宽度：** 相对于原宽度调整图稿的宽度。
- **画笔缩放选项：** 在缩放图稿时保留比例。可用的选项有"按比例缩放""伸展以适合描边长度""在参考线之间伸展"。

- **方向**：决定图稿相对于线条的方向。单击箭头以设置方向。
- **横向翻转/纵向翻转**：改变图稿相对于线条的方向。
- **重叠**：若要避免对象边缘的连接和皱褶重叠，可单击 ⚞⚟ 按钮调整。

（4）毛刷画笔。

在"毛刷画笔选项"对话框中可以根据需要创建具有自然毛刷画笔所画外观的描边，如图3-59所示。

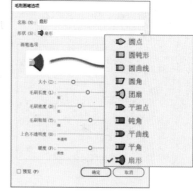

图 3-59

- **形状**：在下拉列表中选择画笔模型。
- **大小**：画笔大小指画笔的直径。毛刷画笔直径从毛刷的笔端（金属裹边处）开始计算。
- **毛刷长度**：设置画笔中毛刷的长度，影响笔触的浓密程度。
- **毛刷密度**：调整画笔中毛刷的密度，使笔触看起来更加自然或稀疏。
- **毛刷粗细**：设置毛刷从精细到粗糙。
- **上色不透明度**：设置所使用的画笔的不透明度。
- **硬度**：表示毛刷的坚硬度。数值越大，笔刷越坚硬。

（5）图案画笔。

在"图案画笔选项"对话框中可以根据需要创建具有重复图案的装饰性线条，如图3-60所示。

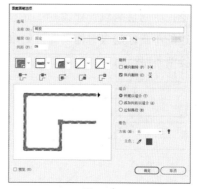

图 3-60

- **缩放**：相对于原始大小调整拼贴大小。可用于调整比例变化，例如压力、光笔轮、倾斜、方位及旋转。
- **间距**：调整拼贴之间的间距。
- **拼图按钮组**：可以将不同的图案应用于路径的不同部分。对于要定义的拼贴，请单击拼贴按钮，并从滚动列表中选择一个图案色板。重复此操作，以根据需要把图案色板应用于其他拼贴。该选项按钮依次为边线拼贴、外角拼贴、内角拼贴、起点拼贴以及终点拼贴。

在"适合"选项中可以设置路径的方式：

- **拉伸以适合**：可延长或缩短图案拼贴，以适合对象。该选项会生成不均匀的拼贴。
- **添加间距以适合**：会在每个图案拼贴之间添加空白，将图案按比例应用于路径。
- **近似路径**：会在不改变拼贴的情况下使拼贴适合于最近似的路径。该选项所应用的图案，会向路径内侧或外侧移动，以保持均匀的拼贴，而不是将中心落在路径上。

3.4 铅笔工具组

铅笔工具组是一系列用于绘制自由形式路径和形状的工具，适合需要精确控制的手绘效果或自然曲线的设计工作。

3.4.1 Shaper工具

Shaper工具能够识别用户绘制的粗略形状，并自动将其转换为精确的几何形状，支持快速绘制正多边形、圆、矩形、椭圆等基本图形，同时也能够绘制复杂的路径。选择"Shaper工具"，绘制一个粗略形态的矩形、圆形、椭圆、三角形或其他多边形，如图3-61所示，释放鼠标，绘制的形状会转换为明晰的几何形状，如图3-62所示。除此之外，"Shaper工具"还支持路径的编辑功能，如减去、合并等操作，允许用户创建更加复杂和独特的图形，如图3-63所示。

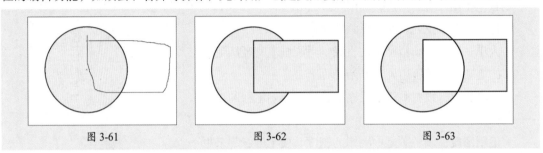

图 3-61   图 3-62   图 3-63

3.4.2 铅笔工具

铅笔工具可用于绘制开放路径和闭合路径，就像用铅笔在纸上绘图一样。适合快速绘制草图、概念图或需要手绘风格的图形。选择"铅笔工具" ✏️，在画板上按住鼠标左键拖动即可绘制路径。按住Shift键绘制限制为0°、45°或90°的直线段，如图3-64所示；按住Alt键可以绘制不受控制的直线段，如图3-65所示。选择已有路径，将铅笔笔尖定位到路径端点，当铅笔笔尖旁边的小图标消失时拖动即可更改路径，如图3-66所示。当选择两条路径，使用铅笔工具可以连接两条路径。

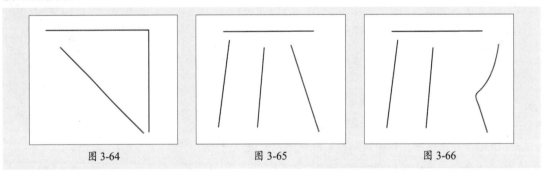

图 3-64   图 3-65   图 3-66

动手练 **薯条的草图绘制**

📥 **素材位置：本书实例\第3章\动手练\薯条的草图绘制\草图绘制.ai**

本练习介绍如何绘制薯条草图，主要运用到的知识点有铅笔工具和直接选择工具。具体操作过程如下。

步骤 01 使用"铅笔工具"绘制路径，如图3-67所示。

步骤 02 使用"铅笔工具"调整路径，使其更加平滑，效果如图3-68所示。

步骤 03 继续绘制路径，如图3-69所示。

Illustrator图形创意设计与制作（AIGC全彩微课版）

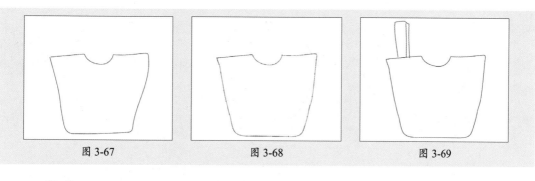

图 3-67　　　　　　　　　　图 3-68　　　　　　　　　　图 3-69

步骤 04 使用"直接选择工具"调整路径，使其衔接得更加自然，效果如图3-70所示。

步骤 05 使用相同的方法，边绘制边调整，效果如图3-71所示。

步骤 06 继续绘制路径，如图3-72所示。

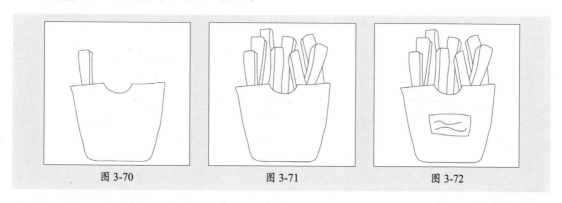

图 3-70　　　　　　　　　　图 3-71　　　　　　　　　　图 3-72

至此，完成薯条的草图绘制。

3.4.3　平滑工具

平滑工具可以使路径变得平滑。

使用"选择工具"选择路径，如图3-73所示。选择"平滑工具" ，按住鼠标左键在需要平滑的区域拖动即可使其变平滑，如图3-74所示。双击"平滑工具"，在弹出的"平滑工具选项"对话框中可以自定义工具的保真度选项，修改使用该工具时添加到路径的锚点数量，如图3-75所示。

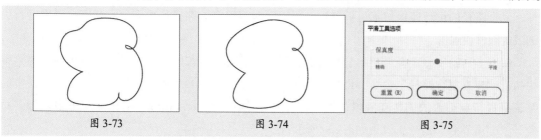

图 3-73　　　　　　　　　　图 3-74　　　　　　　　　　图 3-75

3.4.4　路径橡皮擦工具

路径橡皮擦工具用于删除路径的部分区域或调整路径的形状，适用于需要精确编辑路径和形状的场景。选中路径，如图3-76所示，选择"路径橡皮擦工具" ，按住鼠标在需要擦除的区域拖动，如图3-77所示，释放鼠标即可擦除该部分，如图3-78所示。

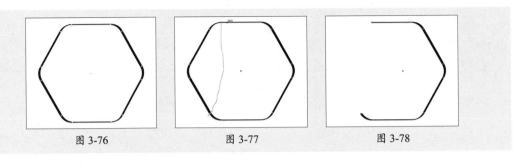

| 图 3-76 | 图 3-77 | 图 3-78 |

3.4.5 连接工具

连接工具主要用于连接两条或多条路径的端点，适用于需要连接和合并路径的场景。使用"连接工具"，在开放路径的间隙处拖动涂抹，如图3-79所示，释放鼠标即可连接路径。除此之外，连接工具还可以连接路径并删除重叠的部分，如图3-80和图3-81所示。

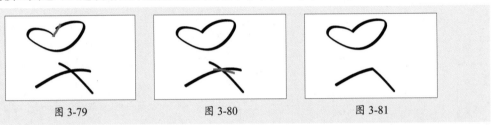

| 图 3-79 | 图 3-80 | 图 3-81 |

3.5 复合路径与复合形状

复合路径与复合形状在Illustrator中都是用于图形编辑和设计的强大工具，它们各自以独特的方式增强了图形的灵活性和创造力。

3.5.1 复合路径

复合路径是指将两条或多条路径组合在一起，形成一条整体的路径。这些路径可以是线段、曲线或闭合形状，它们被组合后，可以作为一个整体进行编辑、移动、缩放等操作。此外，复合路径的设计还保留了可拆分性，可以随时将组合的路径还原回独立状态，以便进行更细致的调整或编辑。

使用工具绘制并选择需要组合复合路径的形状，如图3-82所示。右击，在弹出的快捷菜单中执行"建立复合路径"命令，即可创建复合路径，如图3-83所示。如果需要对复合路径中的某部分进行更细致的调整或编辑，可以选择复合路径，右击，在弹出的快捷菜单中执行"对象"|"复合路径"命令，效果如图3-84所示。

| 图 3-82 | 图 3-83 | 图 3-84 |

60

3.5.2 复合形状与路径查找器

复合形状可以组合多个对象，并可指定每个对象与其他对象的交互方式。复合形状的优点在于它可以将多个形状视为一个整体进行编辑、移动、缩放等操作，同时保留形状的样式和属性。

绘制需要组合的形状，使用路径查找器中的操作将这些形状组合成复合形状。执行"窗口"|"路径查找器"命令，打开"路径查找器"面板，如图3-85所示。路径查找器提供了多种功能，如合并、减去、相交、排除、分割、轮廓化等，可以快速创建复杂的图形效果。

图 3-85

- **联集**■：将两个或多个形状合并成一个单一的形状，并保留顶层对象的上色属性。绘制需要组合的形状，如图3-86所示。应用效果如图3-87所示。
- **减去顶层**■：从底层形状中减去顶层形状的重叠部分，效果如图3-88所示。

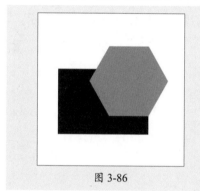

| 图 3-86 | 图 3-87 | 图 3-88 |

- **交集**■：只保留两个或多个形状重叠的部分，其他部分将被删除，效果如图3-89所示。
- **差集**■：删除两个或多个形状重叠的部分，只保留不重叠的部分，效果如图3-90所示。
- **分割**■：将形状分割成多部分，每部分都是独立的。单击该按钮后取消分组，移动被分割的部分，效果如图3-91所示。

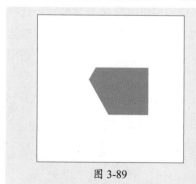

| 图 3-89 | 图 3-90 | 图 3-91 |

- **修边**■：删除所有描边，且不合并相同颜色的对象。继续绘制需要组合的形状，如图3-92所示。单击该按钮后取消分组，效果如图3-93所示。
- **合并**■：删除所有描边，且合并具有相同颜色的相邻或重叠的对象。单击该按钮后取消分组，效果如图3-94所示。

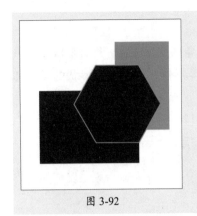
图 3-92

图 3-93

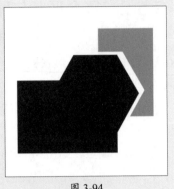
图 3-94

- **裁剪** ▣：删除所有描边，保留顶层形状与底层形状重叠的部分，并删除顶层形状之外的部分，效果如图3-95所示。
- **轮廓** ▣：将形状转换为轮廓线，删除填充但保留描边，效果如图3-96所示。
- **减去后方对象** ▣：单击该按钮将从最前面的对象中减去后面的对象，效果如图3-97所示。

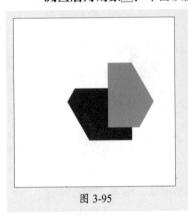
图 3-95

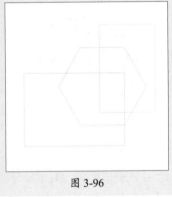
图 3-96

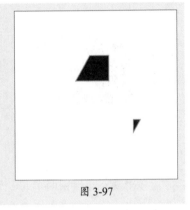
图 3-97

3.5.3　形状生成器工具

　　形状生成器工具可以通过简单的拖曳和合并操作，快速创建和编辑复杂的矢量形状。选择两个或多个基本形状，如图3-98所示，选择"形状生成器工具" ▣，或按Shift+M组合键激活该工具，单击或者按住鼠标拖动选定区域，如图3-99所示，释放鼠标后显示合并路径创建新形状，如图3-100所示。

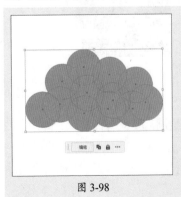
图 3-98

图 3-99

图 3-100

动手练 矛盾空间

📖 **素材位置：本书实例\第3章\动手练\矛盾空间\矛盾空间.ai**

本练习介绍如何绘制矛盾空间立体几何，主要涉及多边形工具、对象变换、形状生成器以及颜色填充等。具体操作过程如下。

步骤 01 选择"多边形工具"，创建半径为200px的六边形，如图3-101所示。

步骤 02 单击"确定"按钮，效果如图3-102所示。旋转30°后居中对齐，如图3-103所示。

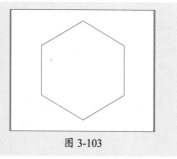

| 图 3-101 | 图 3-102 | 图 3-103 |

步骤 03 选中六边形，右击，在弹出的快捷菜单中执行"变换"|"缩放"命令，在弹出的"比例缩放"对话框中设置参数，如图3-104所示。

步骤 04 单击"复制"按钮，效果如图3-105所示。继续复制并缩放85%，效果如图3-106所示。

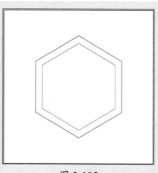
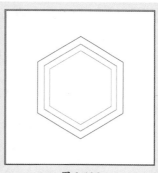

| 图 3-104 | 图 3-105 | 图 3-106 |

步骤 05 选择"钢笔工具"绘制路径，连接部分锚点，如图3-107所示。选择"形状生成器工具"，单击拖动选定区域以生成新的形状，效果如图3-108所示。

步骤 06 分别填充颜色，效果如图3-109所示。

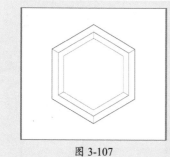

| 图 3-107 | 图 3-108 | 图 3-109 |

至此，完成矛盾空间立体几何的绘制。

3.6 案例实战：猫头鹰简笔画

📄 **素材位置：本书实例\第3章\案例实战\猫头鹰简笔画\猫头鹰.ai**

本练习介绍如何绘制猫头鹰简笔画，主要涉及曲率工具、钢笔工具、椭圆工具以及路径查找器等。具体操作过程如下。

步骤01 选择"曲率工具"绘制闭合路径，如图3-110所示。

步骤02 添加锚点调整形状，效果如图3-111所示。继续绘制路径，如图3-112所示。

图 3-110

图 3-111

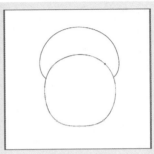
图 3-112

步骤03 调整图层顺序，效果如图3-113所示。

步骤04 选择"钢笔工具"绘制闭合路径，效果如图3-114所示。

步骤05 调整图层顺序，效果如图3-115所示。

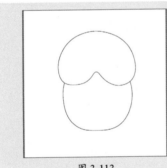
图 3-113

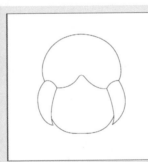
图 3-114

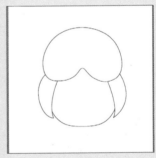
图 3-115

步骤06 选择"曲率工具"绘制闭合路径，如图3-116所示。

步骤07 选择"钢笔工具"绘制闭合与开放路径，如图3-117所示。

步骤08 继续绘制闭合路径，如图3-118所示。

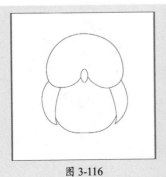
图 3-116

图 3-117

图 3-118

步骤 09 选择"钢笔工具"绘制多条路径，按Ctrl+G组合键编组，如图3-119所示。

步骤 10 按Shift+Ctrl+[组合键置于底层，效果如图3-120所示。

步骤 11 选择"椭圆工具"绘制两个正圆，如图3-121所示。

图 3-119

图 3-120

图 3-121

步骤 12 选中两个正圆，按住Alt键移动复制，效果如图3-122所示。

步骤 13 选择"椭圆工具"绘制多个正圆，分别选择左/右的内部正圆，在"路径查找器"中单击"减去顶层"按钮，效果如图3-123所示。

步骤 14 选择"钢笔工具"绘制开放路径，效果如图3-124所示。

图 3-122

图 3-123

图 3-124

步骤 15 选择除眼部的复合形状，更改描边为"3点椭圆形"，效果如图3-125所示。

步骤 16 绘制开放路径，使用"平滑工具"涂抹优化路径，效果如图3-126所示。

步骤 17 继续绘制路径并更改设置描边参数，效果如图3-127所示。

图 3-125

图 3-126

图 3-127

至此，完成猫头鹰的绘制。

3.7 拓展练习

▌练习1　手账本简笔画

📖 **素材位置：本书实例\第3章\拓展练习\手账本简笔画\手账本.ai**

下面练习利用铅笔工具和平滑工具绘制手账本简笔画效果。

📊 **制作思路**

使用"铅笔工具"绘制路径，使用"平滑工具"平滑路径，效果如图3-128所示。继续绘制路径并进行平滑调整，如图3-129所示。继续绘制路径，全选后更改画笔样式为"3点椭圆形"，效果如图3-130所示。

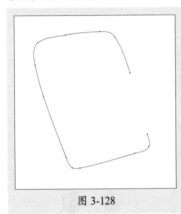  

图 3-128　　　　　　　　　　图 3-129　　　　　　　　　　图 3-130

▌练习2　齿轮图标

📖 **素材位置：本书实例\第3章\拓展练习\齿轮图标\齿轮.ai**

下面练习利用椭圆工具、矩形工具和路径查找器制作齿轮效果。

📊 **制作思路**

使用"椭圆工具"绘制正圆并将其转换为轮廓，效果如图3-131所示。使用"矩形工具"绘制矩形，使用"直接选择工具"调整为梯形，调整圆心后旋转，按Ctrl+D组合键连续复制，效果如图3-132所示。全选后，在"路径查找器"面板单击"联集"按钮，将其合并为整体，调整圆角状态，效果如图3-133所示。

图 3-131　　　　　　　　　　图 3-132　　　　　　　　　　图 3-133

第4章
色彩与轮廓的个性装饰

色彩与轮廓的设置不仅影响作品的整体视觉效果，还直接关系到设计作品的最终呈现效果。本章对填充和描边控件、应用填充与描边、渐变填充的创建、图案填充的创建与编辑、实时上色组的建立与编辑，以及网格工具的使用进行讲解。

4.1 填充和描边控件

填充和描边控件用于控制对象的颜色、图案和轮廓样式。在工具栏底部显示"填色和描边"控件组，如图4-1所示。

- **填色▢**：双击该按钮，可在弹出的"拾色器"中选取填充颜色，如图4-2所示。
- **描边▣**：双击该按钮，可在弹出的"拾色器"中选取描边颜色。
- **切换填色和描边↰**：单击该按钮，可在填充和描边之间互换颜色；按X键可以快速切换填充和描边的选择状态。
- **默认填色和描边▣**：单击该按钮，可以恢复默认颜色设置（白色填充和黑色描边）。
- **颜色▣**：单击该按钮，可以将上次选择的纯色应用于具有渐变填充或者没有描边或填充的对象。
- **渐变▢**：单击该按钮，可将当前选定的填色更改为上次选择的渐变，默认的为黑白渐变。
- **无▨**：单击此按钮，可以删除选定对象的填充或描边。

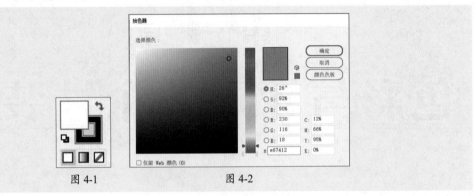

图 4-1　　　　　　　　　　　图 4-2

4.2 应用填充颜色与描边

填色是指应用于对象的颜色、图案或渐变，适用于开放和封闭的对象，以及"实时上色"组的表面，如图4-3所示。描边则是对象、路径或实时上色组边缘的可视轮廓，可以控制描边的宽度和颜色，如图4-4所示。此外，还可以使用"路径"选项创建虚线描边，并通过画笔为描边添加风格化效果。

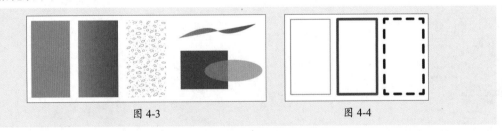

图 4-3　　　　　　　　　　　图 4-4

4.2.1 "颜色"面板

"颜色"面板可以为对象填充单色或设置单色描边。执行"窗口"|"颜色"命令，打开"颜色"面板，如图4-5所示。单击≡按钮，在弹出的菜单中可更改颜色模型，如图4-6所示。图4-7

所示为RGB模型的"颜色"面板。

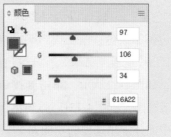

图 4-5　　　　　　　　　　图 4-6　　　　　　　　　　图 4-7

颜色模型用于描述在数字图形中看到和用到的各种颜色。常见的颜色模式介绍如下。

- **灰度：** 使用黑色调表示物体。每个灰度对象都具有0%（白色）～100%（黑色）的亮度值。使用黑白或灰度扫描仪生成的图像通常以灰度显示。
- **RGB：** RGB颜色称为加成色，用于照明光、电视和计算机显示器。可以通过使用基于RGB颜色模型的RGB颜色模式处理颜色值。在RGB模式下，每种RGB成分都可使用0（黑色）～255（白色）的值。
- **HSB：** HSB模型以人类对颜色的感觉为基础，描述颜色的3种基本特性：色相、饱和度以及亮度。
- **CMYK：** CMYK 模型基于纸张上打印的油墨的光吸收特性，为减色模式。在 CMYK 模式下，每种CMYK四色油墨可使用从0%～100%的值。为较亮颜色指定的印刷色油墨颜色百分比较低，而为较暗颜色指定的百分比较高。
- **Web安全RGB（W）：** Web安全颜色是所有浏览器使用的216种颜色，与平台无关。单击 按钮转换为最接近的Web安全颜色。
- **反相：** 将颜色的每种成分更改为颜色标度上的相反值。
- **补色：** 将颜色的每种成分更改为基于所选颜色的最高和最低RGB值总和的新值。Illustrator 添加当前颜色的最低和最高RGB值，然后从该值中减去每个成分的值，产生新RGB值。

选择图形对象，设置填充与描边颜色，如图4-8所示。单击"互换填充和描边"按钮 可调换填充和描边颜色，如图4-9所示。效果如图4-10所示。

图 4-8　　　　　　　　　　图 4-9　　　　　　　　　　图 4-10

知识点拨

　　按住Shift键拖动颜色滑块将移动与之关联的其他滑块（除HSB滑块外），从而保留类似颜色，但色调或强度不同。按住Shift键在色谱中单击，可快速切换颜色模型。

4.2.2 "色板"面板

"色板"面板可以为对象填色和为描边添加颜色、渐变或图案。执行"窗口"|"色板"命令，打开"色板"面板，如图4-11所示。单击 按钮显示列表视图，如图4-12所示。"色板"面板中部分常用选项的功能如下。

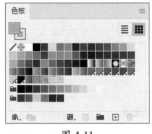

图 4-11　　　　　　　　　　图 4-12

- **"色板库"菜单** ：："色板库"中包括Illustrator软件中预设的所有颜色。单击该按钮，在弹出的如图4-13所示的菜单中可选择预设色板库。例如，执行"颜色属性"|"冷色"命令，将打开"冷色"面板，如图4-14所示。

- **显示"色板类型"菜单** ：单击该按钮，在弹出的菜单中执行命令，可以使"色板"面板中仅显示相应类型的色板。

- **色板选项** ：单击该按钮，在弹出的对话框中可以设置色板名称、颜色类型、颜色模式等参数。

- **新建颜色组** ：选择一个或多个色板后单击该按钮，可将这些色板存储在一个颜色组中。

- **新建色板** ：选中对象，单击该按钮，在弹出的对话框中可以设置色板名称、颜色类型、颜色模式等参数，如图4-15所示。

- **删除色板** ：单击该按钮将删除选中的色板。

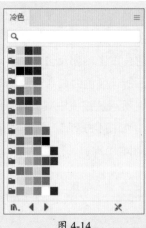

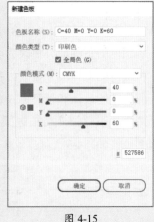

图 4-13　　　　　　　　图 4-14　　　　　　　　图 4-15

知识点拨

在"新建色板"对话框中的颜色类型中，可以选择印刷色、印刷全局色以及专色。

- **印刷色**：印刷色使用四种标准印刷色油墨的组合打印：青色、洋红色、黄色和黑色。默认情况下，Illustrator将新色板定义为印刷色。

- **印刷全局色**：当编辑全局色时，图稿中的全局色将自动更新。所有专色都是全局色；但是印刷色可以是全局色或局部色。

- **专色**：专色是预先混合的用于代替或补充CMYK印刷油墨的颜色。

4.2.3 "描边"面板

"描边"面板可以精准地调整图形、文字等对象描边的粗细、颜色、样式等属性。选中对象后在控制栏中单击"描边"按钮 描边:，在打开的"描边"面板中设置描边参数。或者执行"窗口"|"描边"命令，打开"描边"面板，如图4-16所示。"描边"面板中部分常用参数的功能如下。

图 4-16

- **粗细**：用于设置选中对象的描边粗细。
- **端点**：用于设置端点样式，包括"平头端点"、"圆头端点"和"方头端点"3种。
- **边角**：用于设置拐角样式，包括"斜接连接"、"圆角连接"和"斜角连接"3种。
- **限制**：用于控制程序在何种情形下由斜接连接切换为斜角连接。
- **对齐描边**：用于设置描边路径对齐样式。当对象为封闭路径时，可激活全部选项。
- **虚线**：勾选该复选框将激活"虚线"选项。用户可以输入数值设置"虚线"与"间隙"的大小。
- **箭头**：添加箭头。
- **缩放**：调整箭头大小。
- **对齐**：设置箭头与路径对齐方式。
- **配置文件**：用于选择预设的宽度配置文件，以改变线段宽度，制作造型各异的路径效果。

动手练 黑白虚线箭头

📖 **素材位置**：本书实例\第4章\动手练\黑白虚线箭头\箭头.ai

本练习介绍如何绘制黑白虚线箭头，主要涉及钢笔工具的使用、偏移路径、描边等。具体操作过程如下。

步骤 01 选择"钢笔工具"绘制闭合路径，如图4-17所示。

步骤 02 执行"对象"|"路径"|"偏移路径"命令，在弹出的"偏移路径"对话框中设置参数，如图4-18所示。效果如图4-19所示。

图 4-17

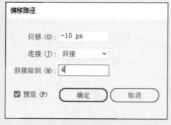

图 4-18

图 4-19

步骤 03 更改填充颜色为白色后，单击"切换填色和描边"按钮，效果如图4-20所示。

步骤 04 在控制栏中单击"描边"按钮，在弹出的菜单中设置参数，如图4-21所示。

第 4 章　色彩与轮廓的个性装饰

步骤 05 效果如图4-22所示。

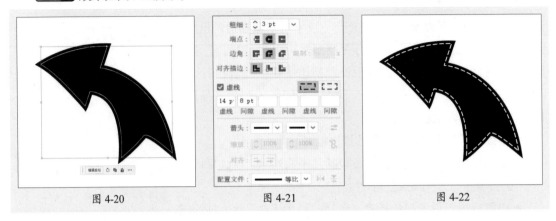

图 4-20　　　　　　　　　图 4-21　　　　　　　　　图 4-22

至此，完成黑白虚线箭头的制作。

4.2.4　吸管工具

吸管工具可以快速地从图像或对象中吸取颜色，并将这些颜色应用于其他对象或设计元素中。使用"选择工具"选择对象，如图4-23所示。选择"吸管工具" ▨ 单击目标对象，即可为其添加相同的属性，如图4-24所示。若在吸取时按住Shift键，则只复制颜色而不包括其他样式属性，如图4-25所示。

图 4-23　　　　　　　　　图 4-24　　　　　　　　　图 4-25

4.3　创建渐变填充

渐变填充通过颜色或亮度的逐渐变化来创建视觉效果。渐变填充不仅可以应用于背景、形状、文字等设计元素，还能为设计作品增添丰富的色彩层次和动态感。

4.3.1　渐变的类型

渐变填充包括多种类型，其中常见的渐变类型如下。

1. 线性渐变

线性渐变为沿着一条直线从一个颜色渐变到另一个颜色，如图4-26所示。常用于创建简单的背景或强调视觉效果，如网页设计中的标题或按钮。

2. 径向渐变

利用径向渐变可使颜色从一点到另一点进行环形混合，如图4-27所示。常用于产品展示和插图中的光晕效果、按钮和图标以及背景设计。

3. 任意形状渐变

利用任意形状渐变可在某个形状内使色标形成逐渐过渡的混合，可以是有序混合，也可以是随意混合，以使混合看起来很平滑、自然，如图4-28所示。可以按两种模式应用任意形状渐变。

- **点：** 使用此模式可在色标周围区域添加阴影。
- **线条：** 使用此模式可在线条周围区域添加阴影。

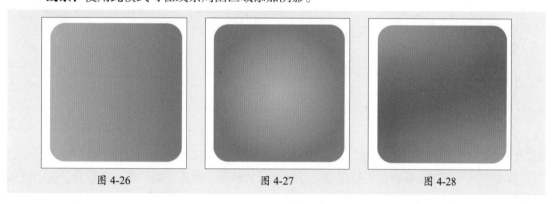

图 4-26　　　　　　　　图 4-27　　　　　　　　图 4-28

4.3.2　"渐变"面板

"渐变"面板可以精确地控制渐变颜色的属性。选择图形对象后，执行"窗口"|"渐变"命令，打开"渐变"面板，在该面板中选择任意一个渐变类型激活渐变，如图4-29所示。

图 4-29

该面板中部分常用参数如下。

- **预设渐变 ▾：** 单击此按钮，显示预设渐变下拉列表框。单击列表框底部的"添加到色板"按钮 ，可将当前的渐变设置存储到色板。
- **类型 ▨▨▨：** 用于选择渐变的类型，包括"线性渐变" ▨、"径向渐变" ▨和"任意形状渐变" ▨3种。
- **描边：** 用于设置描边渐变的样式。该区域按钮仅在为描边添加渐变时激活。
- **角度：** 设置渐变的角度。
- **长宽比：** 当渐变类型为"径向"时激活该功能，可更改渐变角度。

- **反向渐变** ：单击此按钮，可使当前渐变的方向水平旋转。
- **渐变滑块** ：双击渐变滑块，在弹出的面板中可设置该渐变滑块的颜色，如图4-30所示。在Illustrator软件中，默认包括两个渐变滑块。若想添加新的渐变滑块，移动光标至渐变滑块之间单击即可添加，如图4-31所示，效果如图4-32所示。

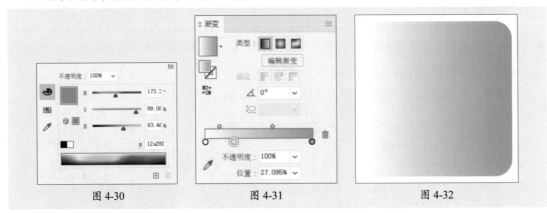

| 图 4-30 | 图 4-31 | 图 4-32 |

4.3.3　渐变工具

渐变工具可使用线性渐变、径向渐变或任意形状渐变在颜色之间创建渐变混合。选中填充渐变的对象，选择"渐变工具" ，即可在该对象上方看到"渐变批注者"，"渐变标注者"是一个滑块，该滑块会显示起点、终点、中点以及起点和终点对应的两个色标，如图4-33所示。可以使用"渐变批注者"修改线性渐变的角度、位置和范围，以及修改径向渐变的焦点、原点和扩展。将光标移动至终点处，当出现旋转光标时进行旋转，如图4-34所示。释放鼠标应用效果如图4-35所示。

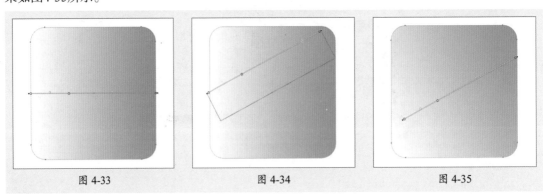

| 图 4-33 | 图 4-34 | 图 4-35 |

动手练　暗角聚焦

📎 **素材位置：本书实例\第4章\动手练\暗角聚焦\暗角.ai**

本练习介绍如何使用渐变工具制作暗角，主要涉及矩形工具、渐变工具以及不透明度等。具体操作过程如下。

步骤 01 置入素材，调整至和文档大小相同，效果如图4-36所示。

步骤 02 绘制和文档等大的矩形，将描边更改为无，效果如图4-37所示。

步骤 03 选择"渐变工具"，在控制栏中单击"径向渐变"按钮 ，效果如图4-38所示。

图 4-36

图 4-37

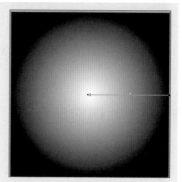
图 4-38

步骤 04 在控制栏中单击"不透明度"按钮,在弹出的菜单中设置混合模式为"正片叠底",如图4-39所示。

步骤 05 效果如图4-40所示。

步骤 06 调整终点,效果如图4-41所示。

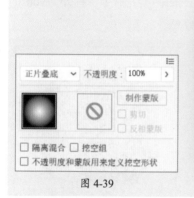
图 4-39

图 4-40

图 4-41

步骤 07 双击终点,在弹出的对话框中单击"拾色器"按钮,如图4-42所示。

步骤 08 拾取背景中的颜色,效果如图4-43所示。

步骤 09 最终应用效果如图4-44所示。

图 4-42

图 4-43

图 4-44

至此,完成暗角聚焦的制作。

使用图案填充和自定义图案填充，可以为设计师提供无限的创意空间，使设计作品更加丰富多彩。

4.4.1 图案填充

图案填充是指使用重复的图稿或图案来填充图形对象的内部。在"色板"面板中，或执行"窗口"|"色板库"|"图案"命令，有基本图形、自然和装饰三大类预设图案，如图4-45所示。

图 4-45

以装饰图案为例。使用"选择工具"选择对象，如图4-46所示。在"色板"面板中单击"色板库菜单"按钮，在弹出的菜单中执行"图案"|"装饰"|"Vonster图案"命令，打开"Vonster图案"面板，如图4-47所示。图4-48所示为填充"羽毛1"图案效果。

图 4-46

图 4-47

图 4-48

4.4.2 创建图案填充

创建图案填充是一个相对直观的过程，它允许设计师通过自定义图案为作品增添独特的视觉效果。

若要创建图案，选择需要创建填充图案的图形，执行"对象"|"图案"|"建立"命令，弹出"图案选项"对话框，如图4-49所示。该对话框中部分常用选项如下。

图 4-49

1. 拼贴类型

选择排列拼贴的类型，具体如下。

- **网格**：每个拼贴的中心与相邻拼贴的中心均为水平和垂直对齐。
- **砖形（按行）**：拼贴呈矩形，按行排列。各行中拼贴的中心为水平对齐。各替代列中的拼贴的中心为垂直对齐。

- **砖形（按列）**：拼贴呈矩形，按列排列。各列中拼贴的中心为垂直对齐。各替代行中的拼贴的中心为水平对齐。
- **十六进制（按列）**：拼贴呈六角形，按列排列。各列中拼贴的中心为垂直对齐。各替代行中的拼贴的中心为水平对齐。
- **十六进制（按行）**：拼贴呈六角形，按行排列。各行中拼贴的中心为水平对齐。各替代列中的拼贴的中心为垂直对齐。

2. 砖形位移

选择砖形拼贴类型激活"砖形位移"选项，具体作用如下。

- **砖形（按行）**：确定相邻行中的拼贴的中心在垂直对齐时错开多少拼贴宽度。
- **砖形（按列）**：确定相邻列中的拼贴的中心在水平对齐时错开多少拼贴高度。

3. 宽度/高度选项组

宽度/高度选项组指定拼贴的整体高度和宽度，可以选择小于或大于图稿高度和宽度的不同的值。大于图稿大小的值会使拼贴变得比图稿更大，并会在各拼贴之间插入空白。小于图稿大小的值会使相邻拼贴中的图稿进行重叠。

- **将拼贴调整为图稿大小**：勾选此复选框可将拼贴的大小收缩到当前创建图案所用图稿的大小。
- **将拼贴与图稿一起移动**：勾选此复选框可确保在移动图稿时拼贴也会一并移动。

4. 水平间距/垂直间距

水平间距/垂直间距可以确定相邻拼贴之间置入多大空间。

5. 重叠

重叠选项组确定相邻拼贴重叠时，哪些拼贴在前。

6. 份数选项组

份数选项组确定在修改图案时，有多少行和列的拼贴可见。

- **副本变暗至**：确定在修改图案时，预览的图稿拼贴副本的不透明度。
- **显示拼贴边缘**：勾选此复选框可在拼贴周围显示一个框。
- **显示色板边界**：勾选此复选框可显示图案中的单位区域，单位区域重复出现即构成图案。

动手练 传统图案的绘制与应用

📎 **素材位置：本书实例\第4章\动手练\传统图案的绘制与应用\传统图案.ai**

本练习介绍如何创建并应用图案填充，主要涉及椭圆工具、混合工具、图案建立命令以及色板工具等。具体操作过程如下。

步骤 01 选择"椭圆工具"绘制正圆，填充白色，描边为黑色4pt，效果如图4-50所示。

步骤 02 按Shift+Alt组合键从中心点等比例绘制正圆，效果如图4-51所示。

步骤 03 按Ctrl+A组合键全选，双击"混合工具"，在弹出的"混合选项"对话框中设置参数，如图4-52所示。

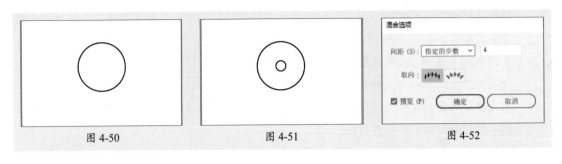

| 图 4-50 | 图 4-51 | 图 4-52 |

步骤 04 按Ctrl+Alt+B组合键创建混合，效果如图4-53所示。

步骤 05 执行"对象"|"图案"|"建立"命令，在弹出的"图案选项"对话框中设置参数，如图4-54所示。效果如图4-55所示。

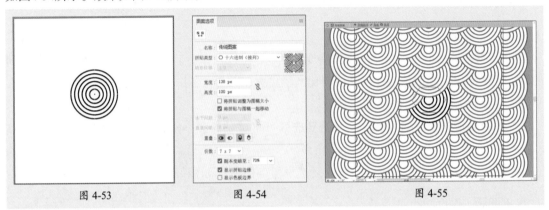

| 图 4-53 | 图 4-54 | 图 4-55 |

步骤 06 删除绘制的图案，选择"矩形工具"绘制矩形，更改描边为无，填充为白色，效果如图4-56所示。在"色板"面板中单击"传统图案"缩览图，如图4-57所示。

步骤 07 应用效果如图4-58所示。

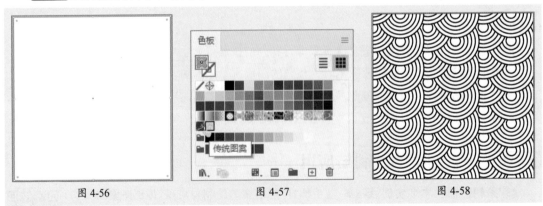

| 图 4-56 | 图 4-57 | 图 4-58 |

至此，完成传统图案的创建与应用。

4.5 实时上色组的建立与调整

"实时上色工具"允许用户基于图形的边缘或路径来快速填充颜色。适用于已经使用线条或形状勾勒出清晰边界的图形，可以大大节省上色时间并提高设计效率。

4.5.1 创建实时上色组

若要对对象进行着色，并且每个边缘或交叉线使用不同的颜色，可以创建实时上色组。选中要进行实时上色的对象，可以是路径也可以是复合路径，如图4-59所示。按Ctrl+Alt+X组合键或使用"实时上色工具" ，单击以建立"实时上色"组，如图4-60所示，建立"实时上色"组后，每条路径都会保持完全可编辑。图4-61所示为更改填充重叠部分的颜色。

图 4-59

图 4-60

图 4-61

知识点拨

对于不能直接转换为实时上色组的对象，可以执行以下命令后将生成的路径转换为实时上色组：文字对象执行"文字"|"创建轮廓"命令；位图图像执行"对象"|"图像描摹"|"建立并扩展"命令；其他对象执行"对象"|"扩展"命令。

动手练 实时上色

📖 **素材位置：本书实例\第4章\动手练\实时上色\鹿.ai**

本练习介绍如何为图形实时上色，主要涉及实时上色组的建立以及实时上色工具的使用方法等。具体操作过程如下。

步骤 01 打开素材文档，如图4-62所示。

步骤 02 按Ctrl+A组合键全选，选择"实时上色工具"单击以建立实时上色组，如图4-63所示。

步骤 03 设置填充颜色（#C1713A），使用"实时上色工具"单击填充，效果如图4-64所示。

图 4-62

图 4-63

图 4-64

步骤 04 设置填充颜色（#914E1D），使用"实时上色工具"单击填充，效果如图4-65所示。

步骤 05 设置填充颜色（#6D3C1B），使用"实时上色工具"单击填充，效果如图4-66所示。

步骤 06 设置填充颜色（#BF1F1F），使用"实时上色工具"单击填充，效果如图4-67所示。

图 4-65

图 4-66

图 4-67

步骤 07 使用"吸管工具"吸取蹄子的颜色，填充铃铛处，效果如图4-68所示。

步骤 08 设置填色为黑色，使用"实时上色工具"单击填充，效果如图4-69所示。

步骤 09 按Ctrl+A组合键全选后，将描边更改为无，效果如图4-70所示。

图 4-68

图 4-69

图 4-70

至此，完成实时上色的操作。

4.5.2 选择实时上色工具组

实时上色组中可以上色的部分称为边缘和表面。边缘是一条路径与其他路径交叉后，处于交点之间的路径部分。表面是一条边缘或多条边缘所围成的区域。若要对实时上色组中的表面和边缘进行更改，可以使用"实时上色选择工具" ，然后执行以下操作。

● 若要选择单个表面和边缘，单击该表面和边缘，如图4-71所示。

● 若要选择多个表面和边缘，在选择项周围拖动选框，部分选择的内容将被包括，或者按住Shift键加选，如图4-72所示。

● 若要选择具有相同填充或描边的表面或边缘，三击某个表面，效果如图4-73所示。或单击一次，执行"选择"|"相同"命令下的子命令（填充颜色/描边颜色/描边粗细等）即可。

图 4-71

图 4-72

图 4-73

知识点拨

　　双击"实时上色工具",在弹出的对话框中可以设置填充上色、描边上色、光标色板预览以及突出显示的颜色和宽度,如图4-74所示。双击"实时上色选择工具",在弹出的对话框中可以设置选择填充、描边以及突出显示的颜色和宽度,如图4-75所示。

图 4-74

图 4-75

4.5.3 扩展和释放实时上色工具

　　选中实时上色组,执行"对象"|"实时上色"|"释放"命令,可将实时上色组变为具有0.5pt宽描边的黑色普通路径,如图4-76所示;执行"对象"|"实时上色"|"扩展"命令,可将实时上色组拆分为单独的色块和描边路径,视觉效果与实时上色组一致,如图4-77所示,取消分组或使用"编组选择工具"可分别选择或更改对象,如图4-78所示。

图 4-76

图 4-77

图 4-78

网格对象是一种多色对象，其上的颜色可沿不同方向顺畅分布且从一点平滑过渡到另一点。

4.6.1 创建网格对象

用户可以基于矢量对象（复合路径和文本对象除外）创建网格对象。选中图形对象，选择
"网格工具"，当光标变为形状时，在图形中单击即可增加网格点，如图4-79所示。

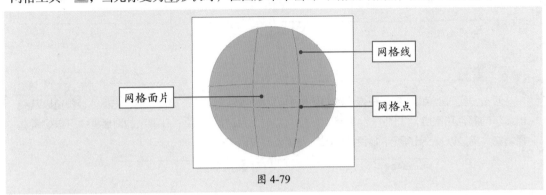

图 4-79

"网格结构"相关知识介绍如下。

- **网格线：** 将图形建立为网格对象，在图形中增加了横竖两条线（网格线）交叉形成的网格，继续在图形中单击，可以增加新的网格。
- **网格面片：** 任意4个网格点之间的区域称为网格面片。可以用更改网格点颜色的方法更改网格面片的颜色。
- **网格点：** 在两网格线相交处有一种特殊的锚点。网格点以菱形显示，且具有锚点的所有属性，只是增加了接受颜色的功能。可以添加和删除网格点、编辑网格点，或更改与每个网格点相关联的颜色。

4.6.2 使用"网格工具"改变对象颜色

添加网格点后，网格点处于选中状态，可以通过"颜色"面板、"色板"面板或"拾色器"
填充颜色。选择网格点，如图4-80所示，在"色板"面板中单击色块即可填充，如图4-81所示。
应用效果如图4-82所示。在"不透明度"面板或控制栏中可以调整填充的不透明度。

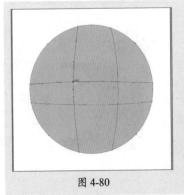

图 4-80

图 4-81

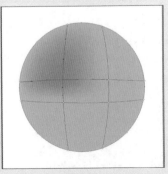

图 4-82

4.6.3 使用"网格工具"调整对象状态

若要调整图形中某部分颜色所处的位置，可以调整网格点的位置。选择"网格工具"选中网格点，拖动移动到目标位置，如图4-83所示。释放鼠标调整显示状态，如图4-84所示。按住Shift键拖动网格点，可使该网格点保持在网格线上，如图4-85所示。

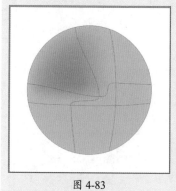
图 4-83

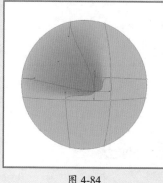
图 4-84

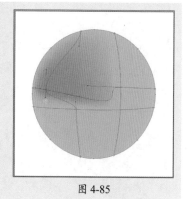
图 4-85

动手练 弥散渐变背景的制作

📖 **素材位置：本书实例\第4章\动手练\弥散渐变背景的制作\弥散渐变.ai**

本练习介绍如何制作弥散渐变背景，主要涉及矩形工具、网格工具，以及渐变网格命令和效果命令的使用等。具体操作过程如下。

步骤 01 绘制和文档等大的矩形，如图4-86所示。

步骤 02 执行"对象"|"创建渐变网格"命令，在弹出的"创建渐变网格"对话框中设置参数，如图4-87所示。

步骤 03 效果如图4-88所示。

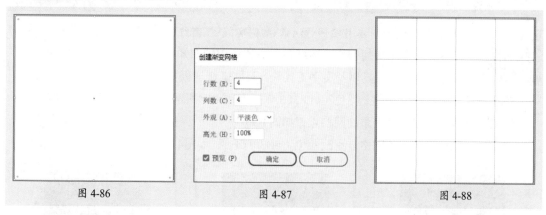
图 4-86　　　　　　　　　图 4-87　　　　　　　　　图 4-88

步骤 04 分别选中对角线的三个网格点，填充颜色（#FFFAC0），效果如图4-89所示。

步骤 05 分别为其他的网格点填充颜色（#FFD2DF、#D5E7B9、#A4E3FF），如图4-90所示。

步骤 06 分别拖动网格点调整显示，如图4-91所示。

步骤 07 执行"效果"|"纹理"|"颗粒"命令，在弹出的对话框中设置参数，如图4-92所示。

步骤 08 单击"确定"按钮应用效果，如图4-93所示。

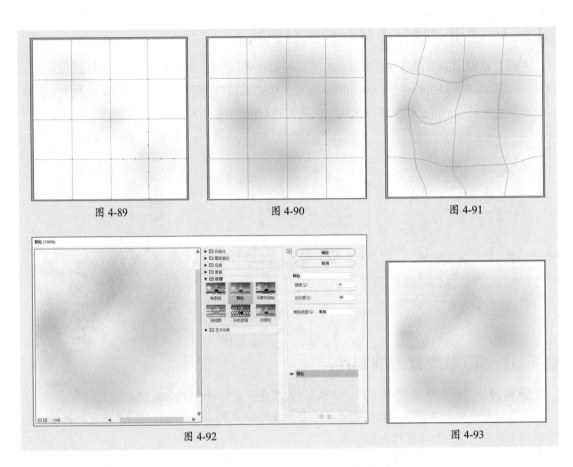

| 图 4-89 | 图 4-90 | 图 4-91 |

| 图 4-92 | 图 4-93 |

至此，完成弥散渐变背景的制作。

4.7 案例实战：弹窗红包的制作

 📖 **素材位置：本书实例\第4章\案例实战\弹窗红包的制作\弹窗红包.ai**

本练习介绍如何制作弹窗红包，主要运用到的知识点有圆角矩形、网格工具、渐变面板、渐变工具以及文字工具等。具体操作过程如下。

步骤 01 绘制圆角矩形并填充颜色（#E83E3A），如图4-94所示。

步骤 02 选择"网格工具"添加网格点，如图4-95所示。

步骤 03 分别选择四周的网格点更改颜色（#D30F0F），如图4-96所示。

| 图 4-94 | 图 4-95 | 图 4-96 |

步骤 04 调整网格点的显示位置,效果如图4-97所示。

步骤 05 使用"文字工具"输入文字,在"字符"面板中设置参数,如图4-98所示。

步骤 06 更改填充颜色(#F5E7C0)后居中对齐,效果如图4-99所示。

| 图 4-97 | 图 4-98 | 图 4-99 |

步骤 07 复制"惊喜红包",更改文字内容后,在"字符"面板中更改参数,如图4-100所示。

步骤 08 居中对齐后效果如图4-101所示。

步骤 09 选择"椭圆工具"绘制正圆,居中对齐后效果如图4-102所示。

| 图 4-100 | 图 4-101 | 图 4-102 |

步骤 10 添加线性渐变效果,在"渐变"面板中设置参数(#FDE2A0、#E19342),如图4-103所示。效果如图4-104所示。

步骤 11 选中正圆,右击,在弹出的快捷菜单中执行"变换"|"缩放"命令,在弹出的"缩放"对话框中设置缩放比例为80%,单击"复制"按钮,效果如图4-105所示。

| 图 4-103 | 图 4-104 | 图 4-105 |

步骤 12 在"渐变"面板中更改渐变参数（#F8bA60、#DD773D），如图4-106所示。

步骤 13 效果如图4-107所示。选择"文字工具"输入文字，效果如图4-108所示。

图 4-106

图 4-107

图 4-108

步骤 14 选择"钢笔工具"绘制闭合路径，使用"平滑工具"优化路径显示，效果如图4-109所示。

步骤 15 在"渐变"面板中添加线性渐变（#D58258、#F5E7C0、#D58258），如图4-110所示。

步骤 16 调整图层顺序，效果如图4-111所示。

图 4-109

图 4-110

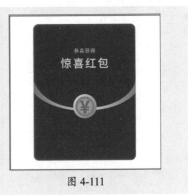
图 4-111

步骤 17 选择"圆角矩形工具"绘制全圆角矩形，在"渐变"面板中更改渐变参数，如图4-112所示。效果如图4-113所示。

步骤 18 按住Alt键移动复制"惊喜红包"，更改文字内容与颜色（#661416）后设置字号为25pt，居中对齐后效果如图4-114所示。

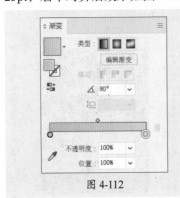
图 4-112

图 4-113

图 4-114

至此，完成弹窗红包的制作。

4.8 拓展练习

▌练习1 多边线对话框

📖 **素材位置：本书实例\第4章\拓展练习\多边线对话框\对话框.ai**

下面练习利用钢笔工具、偏移路径命令、描边与填色以及剪刀工具绘制多边线对话框效果。

📈 **制作思路**

使用"钢笔工具"绘制闭合路径，效果如图4-115所示。复制粘贴后，更改填色与描边，偏移路径后效果如图4-116所示。设置描边路径后，使用"剪刀工具"分别在弧形锚点处单击断开路径，效果如图4-117所示。

| 图 4-115 | 图 4-116 | 图 4-117 |

▌练习2 循环渐变效果

📖 **素材位置：本书实例\第4章\拓展练习\循环渐变效果\循环渐变.ai**

下面练习利用矩形工具、椭圆工具、描边以及渐变填充制作循环渐变效果。

📈 **制作思路**

使用"矩形工具"绘制矩形并填充颜色，置于左上角。使用"椭圆工具"绘制正圆，调整描边使其圆心闭合，更改描边为渐变，效果如图4-118所示。更改渐变颜色，按住Alt键移动复制，如图4-119所示。调整旋转角度，最终效果如图4-120所示。

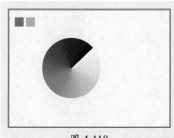 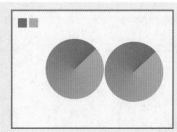 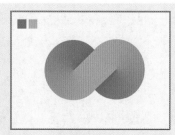

| 图 4-118 | 图 4-119 | 图 4-120 |

第5章
对象形态的艺术操控

对象形态的变换与变形为设计师提供了多种方式来调整图形对象，以实现所需的设计效果。本章将详细讲解对象的选取、对象的变换、封套扭曲、剪切蒙版、混合工具以及图像描摹等关键内容。这些工具和技术不仅可以帮助设计师精确地修改和操控图形，还能激发创意，提升设计的表现力与视觉效果。掌握这些功能，设计师能够更灵活地实现复杂的设计理念和视觉效果。

5.1 对象的选取

Illustrator提供了多种工具和命令来帮助用户灵活地选择和编辑对象。通过熟练掌握这些工具和命令，用户可以更加高效地完成设计工作。

5.1.1 选择工具

选择工具可以选中整体对象。使用"选择工具" ▶单击即可选择对象，按住Shift键在未选中对象上单击可以加选对象，再次单击将取消选中，如图5-1所示。也可以在一个或多个对象的周围拖动光标，形成一个虚线框，如图5-2所示，释放鼠标，即可选择圈住的所有对象，如图5-3所示。

图 5-1　　　　　　　　　　　图 5-2　　　　　　　　　　　图 5-3

5.1.2 直接选择工具

"直接选择工具"可以直接选中路径上的锚点或路径段。使用"直接选择工具" ▷，在要选中的对象锚点或路径段上单击，即可将其选中，如图5-4所示。被选中的锚点呈实心状，拖动锚点或方向线可以调整显示状态。若在对象周围拖动画出一个虚线框，如图5-5所示，虚线框中的对象内容即可被全部选中，锚点变为实心；虚线框外的锚点变为空心状态，如图5-6所示。

图 5-4　　　　　　　　　　　图 5-5　　　　　　　　　　　图 5-6

5.1.3 编组选择工具

对象被编组后，可以使用编组选择工具单独选中编组内的某个对象，且不会影响其他对象。选择"编组选择工具" ▷单击即可选中组中对象，如图5-7所示。再次单击将选中对象所在的分组，如图5-8所示。进一步单击可选择属于较大组的组。每多单击一次，就会选择层次结构的上一级别的所有对象，如图5-9所示。

图 5-7   图 5-8   图 5-9

▌5.1.4 套索工具

套索工具可以通过套索创建选择的区域，区域内的对象将被选中。选择"套索工具" 🔲，在对象的外围单击并按住鼠标拖动绘制一个套索圈，如图5-10所示，释放鼠标，光标经过的对象将同时被选中，如图5-11所示。

图 5-10   图 5-11

▌5.1.5 魔棒工具

魔棒工具可用于选择具有相似属性的对象，如填充、描边等。双击"魔棒工具" 🔲，在弹出的"魔棒"面板中可以设置要选择的属性，如图5-12所示。在图形上单击即可选择同色的填充路径，如图5-13和图5-14所示。

图 5-12   图 5-13   图 5-14

▌5.1.6 "选择"命令

通过"选择"命令，用户可以快速选择特定类型的对象，如所有文本对象、所有填充对象等，还可以根据对象的属性，如颜色、不透明度等进行选择。此外，"选择"命令还提供了反向选择、取消选择等选项，用于管理当前的选择集，如图5-15所示。其中，常用命令含义介绍如下。

选择(S)	效果(C)	视图(V)	窗口(W)	帮助(H)
全部(A)				Ctrl+A
现用画板上的全部对象(L)				Alt+Ctrl+A
取消选择(D)				Shift+Ctrl+A
重新选择(R)				Ctrl+6
反向(I)				
上方的下一个对象(V)				Alt+Ctrl+]
下方的下一个对象(B)				Alt+Ctrl+[
相同(M)				>
对象(O)				>
启动全局编辑				
存储所选对象(S)...				
编辑所选对象(E)...				

- **全部**：选择文档中所有未锁定对象。
- **取消选择**：取消选择所有对象，也可以单击空白处。
- **重新选择**：恢复选择上次所选对象。
- **反向**：当前被选中后的对象将被取消选中，未被选中对象会被选中。
- **相同**：在子菜单中选择具有所需属性的对象，例如外观、混合模式、填色和描边、描边颜色等。
- **对象**：在子菜单中选择同一图层上的所有对象、所有文本对象、点状文字对象、区域文字对象等。

图 5-15

知识点拨

除了以上工具和命令，还可以通过"图层"面板进行选择。在"图层"面板中可以快速而准确地选择单个或多个对象。

动手练 快速扩展文本对象

📎 **素材位置**：本书实例\第5章\动手练\快速扩展文本对象\包装.ai

本练习介绍如何快速扩展文本对象，主要运用到的知识点有选择命令、创建轮廓以及"图层"面板的文本筛选等。具体操作过程如下。

步骤 01 打开素材文档，如图5-16所示。

步骤 02 执行"选择"|"对象"|"所有文本对象"命令，效果如图5-17所示。

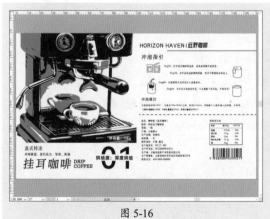

图 5-16

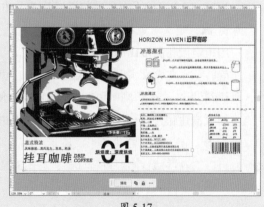

图 5-17

步骤 03 执行"文字"|"创建轮廓"命令，效果如图5-18所示。

步骤 04 打开"图层"面板，单击"筛选"按钮▼，在弹出的菜单中执行"文本"命令，检查是否对文档中所有的文本对象进行轮廓栅格化，如图5-19所示。

图 5-18　　　　　　　　　　　　　　　　　　　　图 5-19

至此，完成快速扩展文本对象的操作。

5.2 对象的变换

对象的变换是一个强大的功能，它允许用户对对象进行位置、大小、形状和方向的调整。

5.2.1 "变换"面板

使用"变换"面板可以查看一个或多个选定对象的位置、大小和方向。通过输入新值，可以修改选定对象或其图案填充，还可以更改变换参考点，以及锁定对象比例。执行"窗口"|"变换"命令，打开"变换"面板，如图5-20所示。

该面板中各按钮的功能如下。

图 5-20

- **控制器** ：对定位点进行控制。
- **X/Y**：定义页面上对象的位置，从左上角开始测量。
- **宽/高**：定义对象的精确尺寸。
- **约束宽度和高度比例** ：单击该按钮，可以锁定缩放比例。
- **旋转** ：在该文本框中输入旋转角度，负值为顺时针旋转，正值为逆时针旋转。
- **倾斜** ：在该文本框中输入倾斜角度，使对象沿一条水平或垂直轴倾斜。
- **缩放描边和效果**：执行该命令，使对象进行缩放操作时将进行描边效果的缩放。

对矩形、正方形、圆角矩形、圆形、多边形进行操作时，在"变换"面板中会显示相应的属性，可以对这些属性参数进行调整，如图5-21~图5-24所示。

图 5-21　　　　　　图 5-22　　　　　　图 5-23　　　　　　图 5-24

Illustrator 图形创意设计与制作（AIGC全彩微课版）

5.2.2 移动对象

选中目标对象后，可以根据不同的需要灵活地选择多种方式移动对象。使用"选择工具"，在对象上单击并按住鼠标不放，如图5-25所示，拖动光标至需要放置对象的位置，如图5-26所示，释放鼠标即可移动对象，如图5-27所示。选中要移动的对象，按键盘上的方向键也可以上、下、左、右的移动对象的位置。

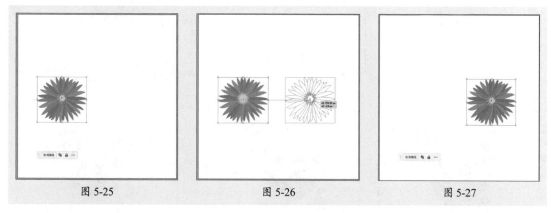

图 5-25　　　　　　　　　　图 5-26　　　　　　　　　　图 5-27

按住Alt键可以将对象进行移动复制，按住Alt键后加按Shift键，可以确保对象在水平、垂直、45°角的倍数方向上移动复制。

除了手动移动对象，还可以通过执行相关命令移动/复制对象。选择一个或多个对象，执行"编辑"|"剪切"命令移动所选对象，或执行"编辑"|"复制"命令复制所选对象。将光标定位在目标处，可以执行"粘贴"相关的命令移动复制对象。Illustrator提供了几种不同的粘贴选项，可以准确地控制对象的位置。

- **粘贴：**将对象粘贴到当前窗口的中心位置。
- **贴在前面：**将对象直接粘贴到所选对象的前面。
- **贴在后面：**将对象直接粘贴到所选对象的后面。
- **就地粘贴：**将图稿粘贴到当前画板上，粘贴后的位置与复制该图稿时所在画板上的位置相同。
- **在所有画板上粘贴：**将图稿粘贴到所有画板上，粘贴后的位置与该图稿在当前画板上的位置相同。

5.2.3 比例缩放工具

比例缩放工具可以按照一定比例缩放对象，从而保持对象的原始比例和形状。选择目标对象，如图5-28所示，在工具栏中双击"比例缩放工具"，在弹出的对话框中设置参数，如图5-29所示，效果如图5-30所示。

除了使用参数进行比例缩放，还可以手动进行缩放。选中对象后，对象的周围出现控制手柄。拖动各控制手柄即可自由缩放对象，如图5-31所示。按住Shift键可以等比例缩放。图5-32所示为中心控制点在左侧的放大效果，按Shift+Alt组合键可以从对象中心等比例缩放，如图5-33所示。

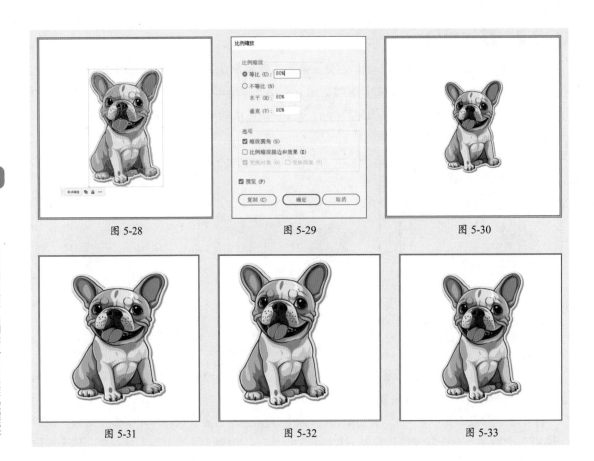

图 5-28   图 5-29   图 5-30

图 5-31   图 5-32   图 5-33

5.2.4　倾斜工具

倾斜工具可以将对象沿水平或垂直方向进行倾斜处理。选择目标对象，如图5-34所示。在工具栏中双击"倾斜工具" ，在弹出的对话框中设置参数，如图5-35所示，应用效果如图5-36所示。也可以直接使用工具将中心控制点放置在任意一点，用鼠标拖动对象即可倾斜对象。

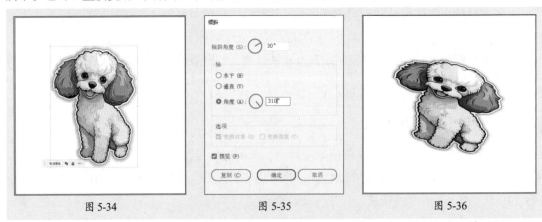

图 5-34   图 5-35   图 5-36

5.2.5　旋转工具

旋转工具以对象的中心点为轴心进行旋转操作。选择目标对象，如图5-37所示，在工具栏中双击"旋转工具" ，在弹出的对话框中设置参数，如图5-38所示，效果如图5-39所示。也可以直接使用工具将中心控制点放置在任意一点，用鼠标拖动对象即可旋转对象。按住Shift键可以45°角为倍数旋转。

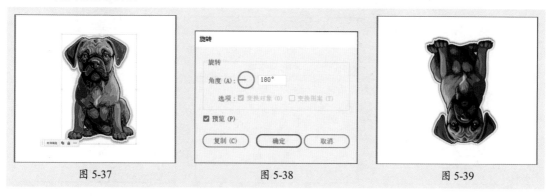

图 5-37　　　　　　　　　　　　图 5-38　　　　　　　　　　　　图 5-39

动手练 线状立体圆环

📖 **素材位置：本书实例\第5章\动手练\线状立体圆环\圆环.ai**

本练习介绍如何制作线状立体圆环，主要涉及星形工具、旋转工具、比例缩放工具、直接选择工具等。具体操作过程如下。

步骤 **01** 选择"星形工具"在画板上单击，在弹出的"星形"对话框中设置参数，如图5-40所示。在"属性"面板中设置旋转角度为315°，如图5-41所示，效果如图5-42所示。

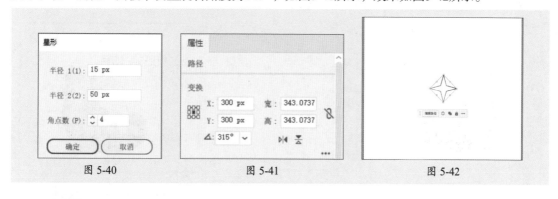

图 5-40　　　　　　　　　　　　图 5-41　　　　　　　　　　　　图 5-42

步骤 **02** 双击"比例缩放工具"，在弹出的"比例缩放"对话框中设置参数，如图5-43所示。

步骤 **03** 使用"直接选择工具"调整半角为10px，效果如图5-44所示。

步骤 **04** 更改描边颜色为"橙色，黄色"，效果如图5-45所示。

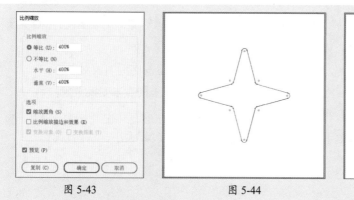

图 5-43　　　　　　　　　　　　图 5-44　　　　　　　　　　　　图 5-45

步骤 05 双击"旋转工具",在弹出的"旋转"对话框中设置旋转角度,如图5-46所示。

步骤 06 效果如图5-47所示。按Ctrl+D组合键连续旋转复制,效果如图5-48所示。

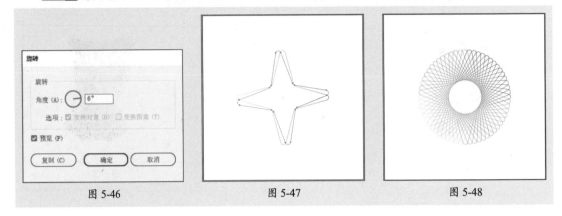

| 图 5-46 | 图 5-47 | 图 5-48 |

至此,完成线状立体圆环的制作。

5.2.6 镜像工具

镜像工具可以使对象进行垂直或水平方向的翻转。选择目标对象,如图5-49所示,在工具栏中双击"镜像工具" 图标,在弹出的对话框中设置参数,如图5-50所示,效果如图5-51所示。也可以直接使用工具将中心控制点放置在任意一点,用鼠标拖动对象即可实现镜像旋转。

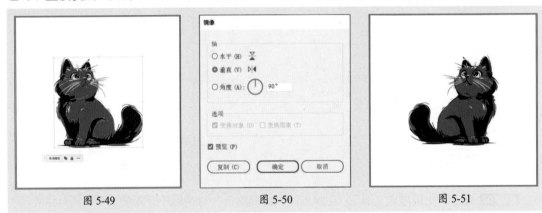

| 图 5-49 | 图 5-50 | 图 5-51 |

5.2.7 自由变换工具

自由变换工具可以旋转、缩放、倾斜和扭曲对象。选择目标对象后,选择"自由变换工具" 图标显示变换工具选项的控件,如图5-52所示。控件中各选项含义如下。

- **约束**:在使用"自由变换"和"自由扭曲"时单击此按钮按比例缩放对象。
- **自由变换**:默认情况下,该按钮为选定状态,拖动定界框上的点来变换对象。
- **自由扭曲**:拖动对象的角手柄可更改其大小和角度。
- **透视变换**:拖动对象的角手柄可在保持其角度的同时更改其大小,从而营造透视感。

图 5-52

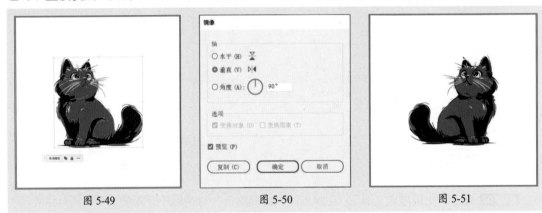

以"自由扭曲"为例。选中目标对象，如图5-53所示。单击"自由扭曲"按钮，拖动右上角的定界框上的角手柄，如图5-54所示，释放鼠标即可应用效果，如图5-55所示。

图 5-53

图 5-54

图 5-55

动手练 立体感折叠文字

📖 **素材位置：本书实例\第5章\动手练\立体感折叠文字\折叠文字.ai**

本练习介绍如何制作立体感折叠文字效果，主要涉及文字工具、创建轮廓、美工刀工具以及自由变换工具中的自由扭曲等。具体操作过程如下。

步骤 01 选择"文字工具"输入文字并设置参数，如图5-56所示。

步骤 02 按Shift+Ctrl+O组合键创建轮廓，效果如图5-57所示。

图 5-56

图 5-57

步骤 03 使用"美工刀工具"沿参考线进行分割，效果如图5-58所示。

步骤 04 取消分组后，分别选择参考线左右闭合路径创建组，效果如图5-59所示。

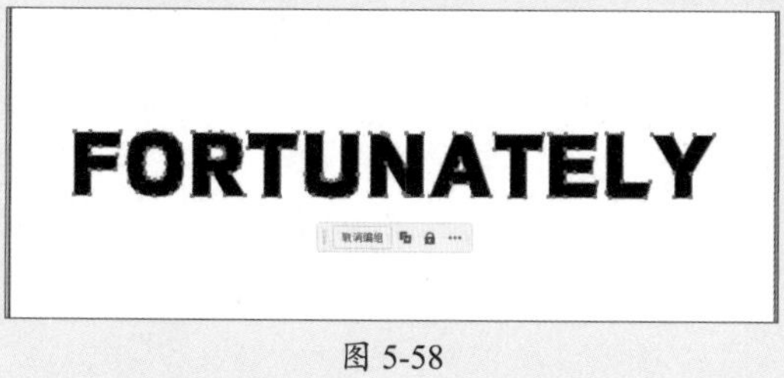

FORTUNATELY

取消编组

图 5-58

FORTUNATELY

取消编组

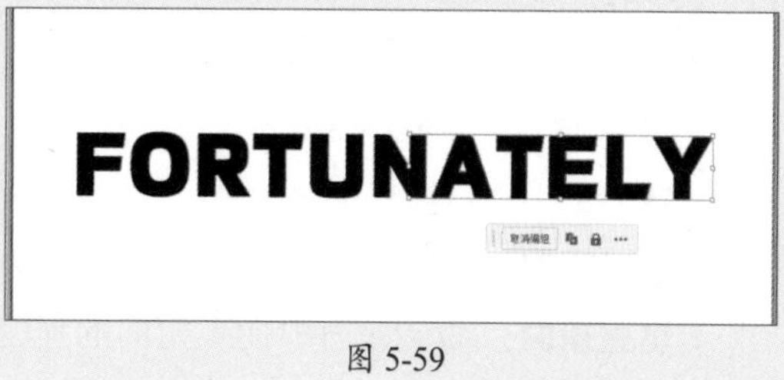

图 5-59

步骤 05 选择左侧闭合路径组，选择"自由变换工具"，在变换工具选项的控件中单击"自由扭曲"按钮，拖动右上角的定界框上的角手柄，效果如图5-60所示。

步骤 06 使用相同的方法对右侧闭合路径组进行变换调整，更改填充颜色为深灰色，效果如图5-61所示。

图 5-60   图 5-61

至此，完成立体感折叠文字效果的制作。

5.3　封套扭曲

封套扭曲可以将对象（如文本或图形）扭曲成特定形状，以创造出丰富多样的设计效果。

5.3.1　用变形建立

变形封套适合需要简单、规则扭曲效果的情况。选中需要变形的对象（如图5-62所示），执行"对象"|"封套扭曲"|"用变形建立"命令，或按Alt+Shift+Ctrl+W组合键，在弹出的"变形选项"对话框中设置变形参数，如图5-63所示。单击"确定"按钮，效果如图5-64所示。

图 5-62   图 5-63   图 5-64

"变形选项"对话框中部分选项的功能如下。

- **样式：**选择预设的变形样式。
- **水平/垂直：**设置对象的扭曲方向。
- **弯曲：**设置弯曲程度。
- **水平扭曲：**设置水平方向上扭曲的程度。
- **垂直扭曲：**设置垂直方向上扭曲的程度。

5.3.2　用网格建立

网格封套提供了极高的灵活性和控制力，适合需要复杂扭曲效果的情况。选中需要变形的对象，执行"对象"|"封套扭曲"|"用网格建立"命令，或按Alt+Ctrl+M组合键，在弹出的"封套网格"对话框中设置网格行数与列数，如图5-65所示。单击"确定"按钮即可创建网格，

如图5-66所示。可以通过"直接选择工具"调整网格格点，从而使对象变形，如图5-67所示。

图 5-65　　　　　　　　　　　图 5-66　　　　　　　　　　　图 5-67

动手练 扭曲波浪线

📀 **素材位置：本书实例\第5章\动手练\扭曲波浪线\波浪线.ai**

本练习介绍如何使用封套扭曲制作波浪线，主要涉及直线段工具、直接选择工具，以及移动复制、再次变换、封套扭曲等。具体操作过程如下。

步骤 01 选择"直线段工具"，按住Shift键绘制直线，设置描边为1pt，效果如图5-68所示。

步骤 02 按住Alt键移动复制，按Ctrl+D组合键连续复制，效果如图5-69所示。

图 5-68　　　　　　　　　　　　　　图 5-69

步骤 03 按Ctrl+A组合键全选，执行"对象"|"封套扭曲"|"用网格建立"命令，在弹出的"封套网格"对话框中设置参数，如图5-70所示。

步骤 04 使用"直接选择工具"，框选第2列网格点后，按住Shift键加选第4、6列，效果如图5-71所示。

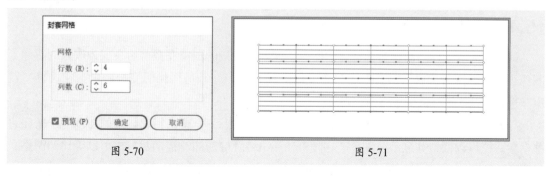

图 5-70　　　　　　　　　　　　　　图 5-71

步骤 05 向上拖动，如图5-72所示。

步骤 06 效果如图5-73所示。

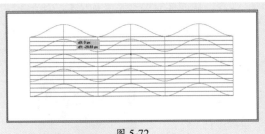

图 5-72

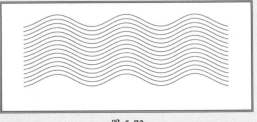

图 5-73

至此，完成扭曲波浪线的制作。

5.3.3　用顶层对象建立

顶层对象的形状和大小将直接影响下方对象的扭曲效果。绘制一个图形或图案，该图形将作为封套的顶层对象，如图5-74所示。选中顶层对象和需要进行封套扭曲的对象，如图5-75所示。执行"对象"|"封套扭曲"|"用顶层对象建立"命令，或按Alt+Ctrl+C组合键即可创建封套扭曲效果，如图5-76所示。

图 5-74

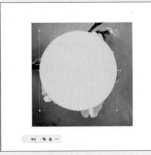

图 5-75

图 5-76

5.4　对象的高级编辑

对象的高级编辑功能强大且多样，涵盖裁切图像、剪贴蒙版、混合工具以及图像描摹等方面。

5.4.1　裁剪图像

裁剪图像功能仅适用于当前选定的图像。此外，链接的图像在裁剪后会变为嵌入的图像。图像被裁剪的部分会被丢弃并且不可恢复。此外，不能在裁剪图像时变换图像。在选择"裁剪"选项后，如果尝试变换图像，则会退出裁剪界面。

导入素材图像，如图5-77所示。在"选择工具"状态下，单击控制栏中的"裁剪"按钮，拖动裁剪框可以调整其显示范围。若在按Shift+Alt组合键的同时拖动裁剪框可以等比例调整，如图5-78所示。单击"应用"按钮或按Enter键完成裁剪，效果如图5-79所示。

裁剪图像时，在控制栏中可以设置高度和宽度，如图5-80所示。在操作过程中，按住Shift键等比例缩放图像，按住Alt键则围绕中心缩放图像。

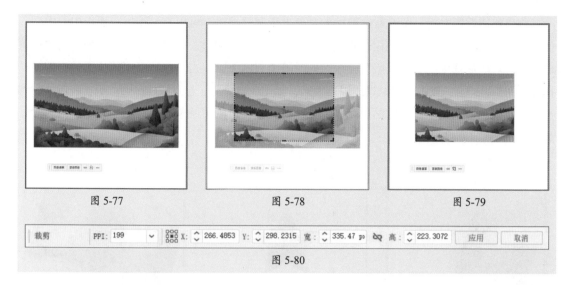

图 5-77   图 5-78   图 5-79

| 裁剪 | PPI: 199 | ∨ | X: ↕ 266.4853 | Y: ↕ 298.2315 | 宽: ↕ 335.47 p | ∞ | 高: ↕ 223.3072 | 应用 | 取消 |

图 5-80

控制栏中部分选项按钮的功能如下。

- **PPI：**图像当前分辨率。以像素/英寸（PPI）指定分辨率。如果图像分辨率低于下拉列表中的可用选项，则选项会处于禁用状态。可输入的最大值等于原始图像的分辨率或300PPI（对于链接的图稿）。
- **参考点：**所有变换都围绕一个称为参考点的固定点执行。默认参考点为变换控件的中心。
- **X/Y：**选定参考点的坐标值。
- **宽/高：**指定裁剪图像的大小。⬚状态为取消链接裁剪宽高，∞状态为链接裁剪宽高。

5.4.2　剪贴蒙版

剪贴蒙版是一个可以用其形状遮盖其他图稿的对象，将多余的画面隐藏起来。创建剪贴蒙版需要两个对象：一个作为蒙版"容器"，可以是简单的矢量图形或是文字；另一个为裁剪对象，可以是位图、矢量图或者是编组的对象。

准备一个或多个要被剪贴的对象，如图像、图形或文本，如图5-81所示。创建一个封闭的路径作为剪贴蒙版，例如矩形、圆形或自定义形状，如图5-82所示。选择剪贴蒙版和要被剪贴的对象，确保剪贴蒙版在最上层，按Ctrl+A组合键全选，右击，在弹出的快捷菜单中执行"建立剪贴蒙版"命令创建剪贴蒙版，如图5-83所示。

图 5-81

图 5-82

图 5-83

创建剪切蒙版之后，若要对被剪贴的对象进行调整编辑，可以在"图层"面板中选中后，使用"选择工具" ，或者使用"直接选择工具" 进行调整。还可以右击，在弹出的快捷菜单中执行"隔离选中的剪贴蒙版"命令，此时隔离剪贴组，双击可以选择原始位图进行编辑操作，如图5-84所示，双击空白处退出隔离模式，如图5-85所示。若要释放剪贴蒙版，右击，在弹出的快捷菜单中执行"释放剪贴蒙版"命令即可，被释放的剪贴蒙版路径的填充和描边为无，如图5-86所示。

图 5-84　　　　　　　　　　图 5-85　　　　　　　　　　图 5-86

动手练 构建复合蒙版

📎 **素材位置：本书实例\第5章\动手练\构建复合蒙版\复合蒙版.ai**

本练习介绍如何创建复合蒙版，主要涉及矩形工具的使用、移动并复制、再次变换以及剪贴蒙版等。具体操作过程如下。

步骤 01 置入素材并调整显示，使其与文档等大，如图5-87所示。

步骤 02 选择"矩形工具"绘制矩形，效果如图5-88所示。

步骤 03 按住Alt键移动复制，效果如图5-89所示。

图 5-87　　　　　　　　　　图 5-88　　　　　　　　　　图 5-89

步骤 04 按Ctrl+D组合键连续复制，效果如图5-90所示。

步骤 05 使用"选择工具"分别选择矩形调整其高度，选择全部矩形，右击，在弹出的快捷菜单中执行"创建复合路径"命令，效果如图5-91所示。

步骤 06 按Ctrl+A组合键全选，右击，在弹出的快捷菜单中执行"建立剪贴蒙版"命令，效果如图5-92所示。

图 5-90

图 5-91

图 5-92

至此，完成复合蒙版的创建。

5.4.3 混合工具

"混合工具"可以用来创建渐变、过渡和复杂的图形效果。它允许用户在两个或多个对象之间创建平滑的过渡，生成各种视觉效果。

1. 创建混合

使用绘图工具创建两个或多个基础对象，如图5-93所示，执行"对象"|"混合"|"建立"命令或按Alt+Ctrl+B组合键创建混合效果，效果如图5-94所示。单击"混合工具"，在要创建混合的对象上依次单击也可创建混合效果。

2. 混合选项

"混合选项"对话框中的选项可以设置混合的步骤数或步骤间的距离。双击"混合

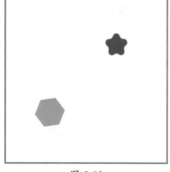
图 5-93

图 5-94

工具"或执行"对象"|"混合"|"混合选项"命令，弹出"混合选项"对话框，如图5-95所示。该对话框中部分选项含义如下。

（1）间距。

主要用于设置要添加到混合的步骤数，包括"平滑颜色""指定的步数"和"指定的距离"3个选项。其中，"平滑颜色"将自动计算混合的步骤数；"指定的步数"可以设置在混合开始与混合结束之间的步骤数，图5-96所示为间距步数12的效果；"指定的距离"可以设置混合步骤之间的距离，图5-97所示为步骤距离24px的效果。

（2）取向。

用于设置混合对象的方向，"对齐页面"可以使混合垂直于页面的X轴。"对齐路径"可以使混合垂直于路径。

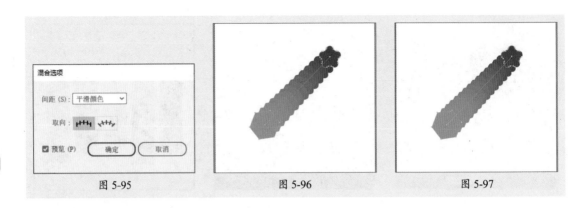

图 5-95	图 5-96	图 5-97

3. 调整混合轴方向

　　混合轴是混合对象中各步骤对齐的路径，一般混合轴是一条直线。选中混合对象后执行"对象"|"混合"|"反向混合轴"命令，即可改变混合轴方向，如图5-98所示，使用"直接选择工具"可以调整混合轴，如图5-99所示，释放鼠标应用混合效果，如图5-100所示。

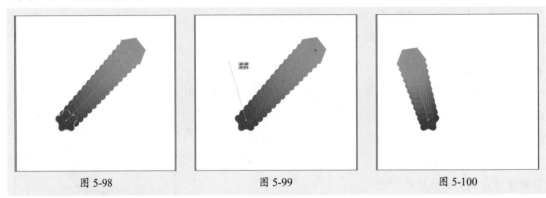

图 5-98	图 5-99	图 5-100

4. 调整混合对象的堆叠顺序

　　混合对象具有堆叠顺序，若想改变混合对象的堆叠顺序，可以选中混合对象后执行"对象"|"混合"|"反向堆叠"命令，即可改变混合对象的堆叠顺序，如图5-101所示。

5. 替换混合轴

　　混合轴是混合对象中各步骤对齐的路径。要使用其他路径替换混合轴，可以选择或绘制一个对象以用作新的混合轴，如图5-102所示。选中路径和混合对象，执行"对象"|"混合"|"替换混合轴"命令，使用选中的路径替换混合轴，效果如图5-103所示。

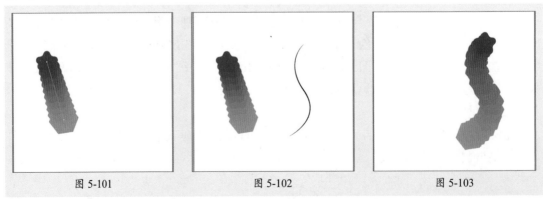

图 5-101	图 5-102	图 5-103

6. 释放或扩展混合

释放和扩展都可以删除混合效果，不同之处在于"释放"命令将删除混合对象并恢复至原始对象状态，如图5-104所示；而"扩展"命令可将混合分割为一系列的整体，如图5-105所示。使用"直接选择工具"和"编组选择工具"可以分别拖动调整，如图5-106所示。

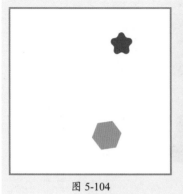

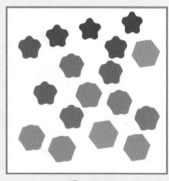

图 5-104　　　　　　图 5-105　　　　　　图 5-106

5.4.4　图像描摹

图像描摹可以将位图图像（如JPEG、PNG、BMP等格式）自动转换成矢量图形。利用此功能，可以通过描摹现有图稿，轻松地在该图稿基础上绘制新图稿。

置入图5-107所示的位图图像，在控制栏中单击"描摹预设"按钮，在弹出的菜单中可以选择多种描摹预设，如图5-108所示，选择任意一种预设，单击即可应用，图5-109所示为应用"6色"的效果。

图 5-107　　　　　　图 5-108　　　　　　图 5-109

单击控制栏中的"描摹选项面板"按钮 ，打开"图像描摹"面板，如图5-110所示。在该面板中可为图像选择预设。

该面板顶部的一排图标是根据常用工作流命名的快捷图标。选择其中的一个预设可设置实现相关描摹结果所需的全部变量。该面板中各按钮的功能如下。

图 5-110

- **自动着色** ：从照片或图稿创建色调分离的图像。
- **高色** ：创建具有高保真度的真实感图稿。
- **低色** ：创建简化的真实感图稿。

- **灰度** ▣：将图稿描摹到灰色背景中。
- **黑白** ▣：将图像简化为黑白图稿。
- **轮廓** ◎：将图像简化为黑色轮廓。
- **预设**：下拉列表中可设置更多的预设描摹方式，应用效果如图5-111所示。

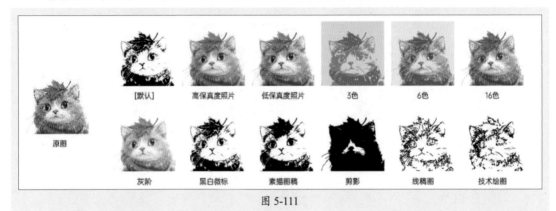

图 5-111

- **视图**：指定描摹对象的视图。可以选择查看描摹结果、源图像、轮廓以及其他选项，图5-112所示为"黑白徽标"的不同视图效果。

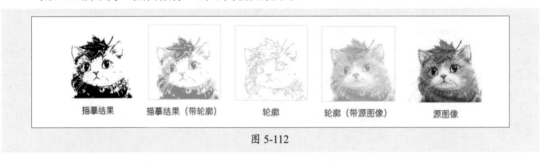

图 5-112

- **模式**：指定描摹结果的颜色模式，彩色、灰度以及黑白。
- **调板**：指定用于从原始图像生成彩色或灰度描摹的调板（该选项仅在"模式"设置为"颜色"时可用）。

当描摹结果已达到预期，可以将描摹对象转换为路径。在控制栏中单击"扩展"按钮，即可将描摹对象转换为路径，如图5-113所示。在上下文任务栏中单击"取消分组"按钮，如图5-114所示。删除多余路径，最终效果如图5-115所示。

图 5-113

图 5-114

图 5-115

动手练 图像重构

📖 **素材位置：本书实例\第5章\动手练\图像重构\头像.ai**

本练习介绍如何重构图像，即将位图转换为矢量图，主要运用到的知识点有图像描摹、编组/取消编组、路径的选择以及颜色填充等。具体操作过程如下。

步骤01 在AIGC平台输入关键词（人物头像插画），生成素材，如图5-116所示。

步骤02 在变化选项中单击V4按钮，效果如图5-117所示。

步骤03 在"查看"选项中单击U1按钮，效果如图5-118所示。查看大图后保存图像。

图 5-116

图 5-117

图 5-118

步骤04 将保存的素材置入Illustrator软件中，缩放50%，效果如图5-119所示。

步骤05 选中图像后，在控制栏中单击"嵌入"按钮，效果如图5-120所示。

步骤06 在"图像描摹"面板中设置描摹预设为"6色"，效果如图5-121所示。

图 5-119

图 5-120

图 5-121

步骤07 在控制栏中单击"扩展"按钮，在上下文任务栏中单击"取消"按钮，效果如图5-122所示。

步骤08 使用"选择工具"选择头发区域的闭合路径，使用"吸管工具"吸取周边颜色进行填充，效果如图5-123所示。

步骤09 使用相同的方法，选择面部浅色色块，使用"吸管工具"吸取浅棕色填充，按Ctrl+R组合键编组，效果如图5-124所示。

图 5-122

图 5-123

图 5-124

至此，完成图像重构效果的制作。

5.5 案例实战：异形标题文字制作

📖 **素材位置：本书实例\第5章\案例实战\异形标题文字制作\标题.ai**

本练习介绍如何制作异形标题文字，主要运用到的知识点有文本的创建与编辑、封套扭曲、混合工具的使用以及图层的显示与隐藏。具体操作过程如下。

步骤 01 选择"文字工具"输入文字，在"字符"面板中设置参数，如图5-125所示。效果如图5-126所示。

步骤 02 执行"文字"|"转换为区域文字"命令，在"段落"面板中单击"全部两端对齐"按钮▤，效果如图5-127所示。

图 5-125

图 5-126

图 5-127

步骤 03 执行"对象"|"封套扭曲"|"用变形建立"命令，在弹出的"变形选项"对话框中设置参数，如图5-128所示。效果如图5-129所示。

步骤 04 执行"对象"|"扩展"命令，效果如图5-130所示。

步骤 05 连续复制两次，隐藏最上方图层，如图5-131所示。

步骤 06 选择最下方图像，等比例缩小后移动至左下角，效果如图5-132所示。

步骤 07 分别更改填充颜色（#22AC38、#0C5E32），效果如图5-133所示。

图 5-128　　　　　　　　　　图 5-129　　　　　　　　　　图 5-130

图 5-131　　　　　　　　　　图 5-132　　　　　　　　　　图 5-133

步骤 08 双击"混合工具",在弹出的"混合选项"对话框中设置参数,如图5-134所示。

步骤 09 按Ctrl+A组合键全选,按Ctrl+Alt+B组合键创建混合,效果如图5-135所示。

步骤 10 显示最上方图层,设置填充为无、描边为白色1.5pt,效果如图5-136所示。

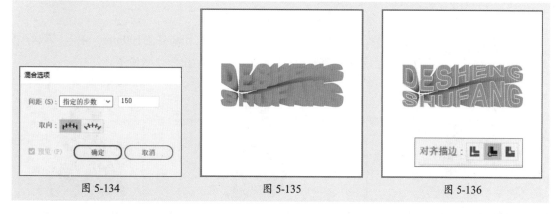

图 5-134　　　　　　　　　　图 5-135　　　　　　　　　　图 5-136

至此,完成异形标题文字的制作。

练习1　流动线条山脉

📖 **素材位置：本书实例\第5章\拓展练习\流动线条山脉\流动山脉.ai**

下面练习利用对象选择工具、混合工具、封套扭曲以及剪贴蒙版制作流动的线条山脉。

📊 **制作思路**

选择"直线段工具"绘制水平直线，按住Alt键移动复制，创建混合后扩展外观，执行"对象"|"封套扭曲"|"用网格建立"命令设置网格，效果如图5-137所示。使用"网格工具"调整网格点位置，效果如图5-138所示。调整高度后创建剪贴蒙版，效果如图5-139所示。

 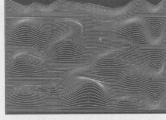 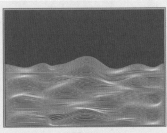

图 5-137　　　　　　　　　图 5-138　　　　　　　　　图 5-139

练习2　裁剪1∶1图像效果

📖 **素材位置：本书实例\第5章\拓展练习\裁剪图像效果\插画.ai**

下面练习利用画板工具、裁剪图像裁剪1∶1图像效果。

📊 **制作思路**

打开素材文档，如图5-140所示。使用"画板工具"设置宽和高各为100mm，单击"裁剪图像"按钮，调整裁剪显示范围，效果如图5-141所示。裁剪效果如图5-142所示。

图 5-140　　　　　　　　　图 5-141　　　　　　　　　图 5-142

第6章

图层空间的管理与布局

图层空间的管理与布局是创建复杂设计作品时至关重要的环节。有效的图层管理不仅可以提高设计效率，还能确保设计作品的清晰度和可维护性。本章对"图层"面板管理对象、基本的图层编辑、对齐与分布等内容进行讲解。

通过熟练使用"图层"面板及其相关功能,设计师可以更加高效地管理和组织Illustrator文档中的对象,从而提升设计效率和质量。

6.1.1 "图层"面板

"图层"面板为用户提供一个直观的方式来管理和组织图形项目中的各元素。执行"窗口"|"图层"命令,打开"图层"面板,如图6-1所示。该面板中各按钮的功能如下。

图 6-1

- **可视性□/⊙**:⊙表示可见图层,单击该按钮变为□,为隐藏图层。
- **锁定标志🔒**:单击图层名称前的空白处即锁定图层,此标志表示禁止对图层进行更改。
- **存储所选对象⊡**:单击该按钮,在弹出的菜单中可选择存储选区、存储所选对象及更新选区。
- **收集以导出⧉**:单击该按钮,打开"资源导出"面板,在该面板中设置参数,可导出格式为PNG的图片。
- **定位对象⌕**:单击该按钮,可以快速定位该图层对象所在的位置。
- **建立/释放剪贴蒙版▣**:单击该按钮,可将当前图层创建为蒙版,或将蒙版恢复到原来状态。
- **创建新子图层⊞**:单击该按钮,可为当前图层创建新的子图层。
- **创建新图层⊞**:单击该按钮,可创建新图层。
- **删除所选图层🗑**:单击该按钮,可删除所选图层。

6.1.2 设置图层和子图层

在"图层"面板单击"创建新图层"按钮⊞,即可创建新图层,如图6-2所示;单击"创建新子图层"按钮⊞,即可在新图层内创建一个子图层,如图6-3所示。新建的图层缩览图的左侧显示该图层的颜色,若要更改图层颜色,可以双击图层,在弹出的"图层选项"对话框中设置图层名称及颜色,如图6-4所示。

图 6-2   图 6-3   图 6-4

"图层选项"对话框中的选项作用如下。

- **名称**:指定项目在"图层"面板中显示的名称。
- **颜色**:指定图层的颜色设置。可以从菜单中选择颜色,或双击颜色按钮■来选择颜色。

- **模板：** 使图层成为模板图层。
- **锁定：** 禁止对项目进行更改。
- **显示：** 显示画板图层中包含的所有图稿。
- **打印：** 使图层中的图稿可打印。
- **预览：** 以颜色而不是轮廓显示图层中包含的图稿。
- **变暗图像至：** 将图层中所包含的链接图像和位图图像的强度降低到指定的百分比。

6.1.3 搜索和筛选图层与对象

搜索和筛选图层与对象功能可帮助用户快速定位到特定的图层或对象，从而提高工作效率。

（1）搜索图层与对象。在"图层"面板的搜索框中输入关键词，如图6-5所示，可以快速定位到包含该关键词的图层，如图6-6所示。

（2）筛选图层与对象。在"图层"面板中单击"筛选"按钮，在弹出的菜单中可选择查看的图层类型，如图6-7所示。

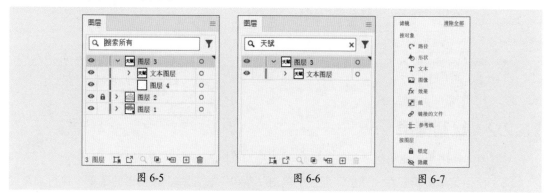

图 6-5　　　　　　　图 6-6　　　　　　　图 6-7

6.1.4 将项目释放到单独的图层

在处理复杂图形或需要分别管理图形元素时，可以将项目释放到单独的图层。"释放到图层（顺序）"和"释放到图层（累积）"是两种不同的图层处理方式，它们的主要区别在于对图层内容的处理方式和结果上。选择目标图层，如图6-8所示，单击"菜单"按钮，在弹出的菜单中执行"释放到图层（顺序）"命令，可以将选中图层或组中的所有项目重新分配到各自独立的图层中，并且这些图层会根据项目的堆叠顺序来排列，效果如图6-9所示。若执行"释放到图层（累积）"命令，则将项目释放到图层，并复制对象来创建累积顺序，效果如图6-10所示。

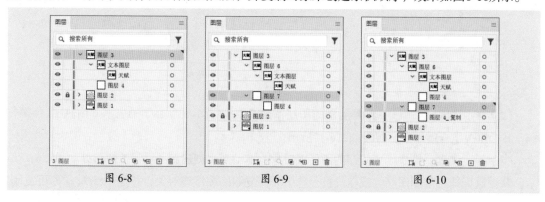

图 6-8　　　　　　　图 6-9　　　　　　　图 6-10

6.2 基本的图层编辑

重命名、复制、删除和调整图层顺序是基本的图层编辑技能，下面进行详细介绍。

6.2.1 图层重命名

图层重命名可以使文档内容的管理更加清晰和高效。在"图层"面板中找到目标图层，如图6-11所示。双击图层的名称后可输入新的名称，如图6-12所示。完成输入后，按Enter键或单击"图层"面板外的空白区域可确认更改，如图6-13所示。

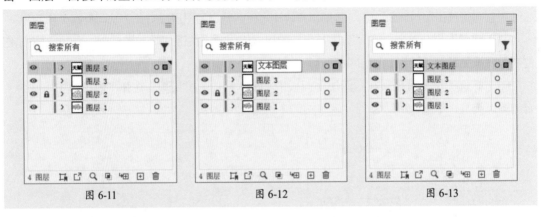

图 6-11　　　　　　　图 6-12　　　　　　　图 6-13

6.2.2 复制图层

复制图层是快速创建相似设计元素的有效方法。以下是复制图层的几种方法。

（1）使用菜单编辑。在"图层"面板中单击"菜单"按钮▤，在弹出的菜单中执行"复制'文本图层'"命令即可复制图层，如图6-14所示。若选择子图层，单击"菜单"按钮▤，在弹出的菜单中执行"复制'[子图层名]'"命令即可复制子图层，图6-15所示为复制子图层"天赋"的效果。

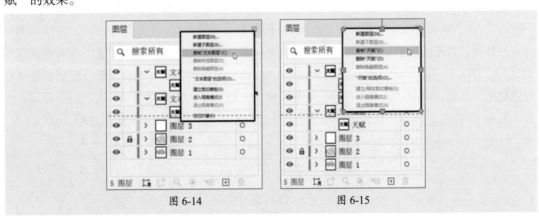

图 6-14　　　　　　　　　图 6-15

（2）使用组合键。选中需要复制的图层或对象，如图6-16所示。直接按Ctrl+C组合键复制，按Ctrl+V组合键粘贴，效果如图6-17所示。

（3）手动复制。选中需要复制的图层或对象，拖动至"创建新图层"按钮⊞处，如图6-18所示，释放鼠标即可复制图层。或在画板上选中需要复制的图层或对象，按住Alt键移动即可复制。

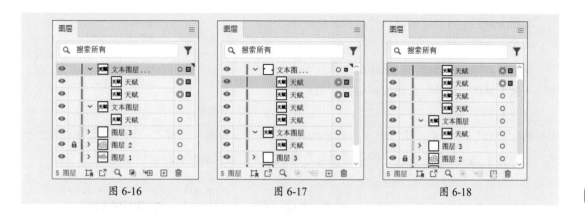

图 6-16   图 6-17   图 6-18

6.2.3 删除图层

删除不再需要的图层可以优化文档性能，其方法和复制图层类似。

大多数情况下，删除图层时会出现提示框，询问是否确实要删除该图层及其包含的所有对象，单击"是"按钮以确认删除，或单击"否"按钮以取消操作，如图6-19所示。

图 6-19

知识点拨

删除图层会导致该图层内的所有对象被永久删除，因此在执行删除操作之前，确保已经备份了重要内容，或者确认该图层中的内容确实不再需要。

6.2.4 调整图层顺序

调整图层顺序可以改变设计元素的堆叠方式，从而影响视觉效果。选择目标图层，在拖动过程中，面板中会显示一条蓝色的细线，指示图层的新位置，如图6-20所示，释放鼠标，完成图层顺序的调整。

若要将图层或子图层移动至其他图层中，可以将图层拖动至目标图层处，面板中目标图层会高亮显示，如图6-21所示，释放鼠标即可完成调整，如图6-22所示。

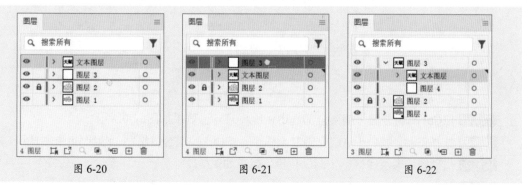

图 6-20   图 6-21   图 6-22

除了在"图层"面板上操作，还可以通过相关的命令快速调整。执行"对象"|"排列"命令，在其子菜单中包括多个排列调整命令，如图6-23所示。

- **置于顶层**：将选定的对象移动到其他对象之上。
- **前移一层**：将选定的对象在其当前位置向上移动一层。
- **后移一层**：将选定的对象在其当前位置向下移动一层。
- **置于底层**：将选定的对象移动到其他对象之下。

置于顶层(F)	Shift+Ctrl+]
前移一层(O)	Ctrl+]
后移一层(B)	Ctrl+[
置于底层(A)	Shift+Ctrl+[
发送至当前图层(L)	

图 6-23

选中目标对象，如图6-24所示，右击，在弹出的快捷菜单中执行"排列"|"前移一层"命令，选定的对象在其当前位置向上移动一层，效果如图6-25所示，若执行"置于顶层"命令，则移动至其他对象之上，效果如图6-26所示。

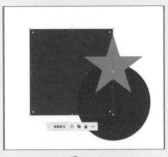
图 6-24

图 6-25

图 6-26

动手练 方圆拼图

📖 **素材位置**：本书实例\第6章\动手练\方圆拼图\爱心.ai

本练习介绍如何将正方形和圆形拼合为爱心图形，主要运用的知识点有正方形的绘制、正圆的绘制、图层的复制及路径查找器的应用等。具体操作过程如下。

步骤01 选择"矩形工具"，创建宽、高各为240px的正方形，效果如图6-27所示。

步骤02 选择"椭圆工具"，创建宽、高各为240px的正圆，效果如图6-28所示。

步骤03 借助智能参考线，使正方形的左边缘与圆心对齐，效果如图6-29所示。

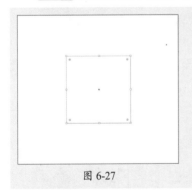
图 6-27

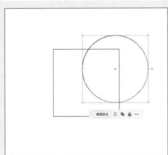
图 6-28

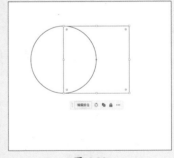
图 6-29

步骤04 按Ctrl+A组合键将图形全部选中，旋转315°，效果如图6-30所示。

步骤05 选择正圆，按Ctrl+A组合键复制图层，按Ctrl+V组合键粘贴，效果如图6-31所示。

步骤06 借助智能参考线调整正圆的位置，效果如图6-32所示。

步骤07 按Ctrl+A组合键将图形全部选中，在"路径查找器"中单击"联集"按钮，如图6-33所示。效果如图6-34所示。

步骤08 设置描边为无，填充为镜像渐变，效果如图6-35所示。

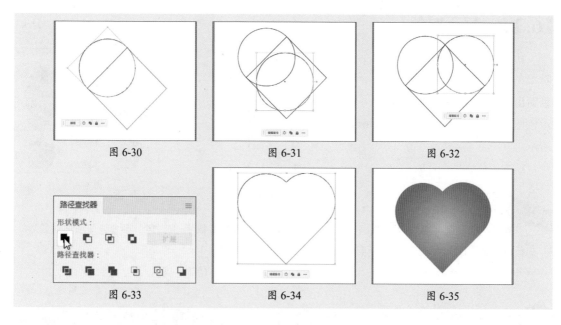

图 6-30　　　　　　　　图 6-31　　　　　　　　图 6-32

图 6-33　　　　　　　　图 6-34　　　　　　　　图 6-35

至此，完成方圆拼图的制作。

6.3　隐藏与显示

在处理大型或复杂的文件时。隐藏和显示图层可以帮助用户专注于当前正在编辑的部分，并减少视觉上的混乱。

▌6.3.1　隐藏对象

在"图层"面板中，每个图层旁边都有一个"眼睛"图标 （也称为"切换可视性"图标）。单击想要隐藏的图层旁边的 图标，该图标会消失，表示该图层已被隐藏。

例如要隐藏图6-36中左边的对象，在"图层"面板中找到该图层，单击图层前的图标（图6-37） 隐藏图层，效果如图6-38所示。

 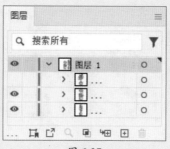 

图 6-36　　　　　　　　图 6-37　　　　　　　　图 6-38

知识点拨

如果需要单独隐藏父图层下的某个子图层，可以直接在"图层"面板中找到该子图层，并单击其左侧的 图标进行隐藏。操作后即使父图层是可见的，被隐藏的子图层也不会在画布中显示。

6.3.2 显示对象

在"图层"面板中，单击之前被隐藏的图层旁边的  图标位置，会重新出现 图标，如图6-39所示，表示该图层已重新显示，效果如图6-40所示。

图 6-39 　　　　　　　　　　图 6-40

知识点拨

除了在"图层"面板中操作，还可以执行"对象"|"隐藏"|"所选对象"命令隐藏所选对象。执行"对象"|"显示全部"命令可显示所有隐藏的对象。

6.4 锁定和编组对象

在操作过程中，锁定是为了防止编辑，而编组是为了方便整体操作。锁定的对象不能被选中或编辑，而编组的对象仍然可以被选中，只是作为一个整体进行操作。

6.4.1 锁定与解锁对象

锁定对象可以防止意外编辑或移动，确保设计的稳定性，解锁对象是为了恢复对其的编辑和移动能力。锁定对象后该对象就不能被选中或编辑。选中要锁定的对象，执行"对象"|"锁定"|"所选对象"命令或按Ctrl+2组合键。执行"对象"|"全部解锁"命令或按Ctrl+Alt+2组合键可解锁对象。

在"图层"面板中单击图层前的 按钮，出现 图标表示锁定图层，如图6-41所示。锁定后的图层无法进行编辑，图6-42所示为按Ctrl+A组合键全选的效果。再次单击 图标即可解锁，此时执行全选操作将选中所有对象，如图6-43所示。

图 6-41 　　　　　　　图 6-42 　　　　　　　图 6-43

6.4.2 编组与取消编组对象

编组对象可以将多个对象组合成一个整体，以便进行统一的移动、缩放、旋转等操作。

选中目标对象，如图6-44所示。在上下文任务栏中单击"编组"按钮 ，或者按Ctrl+G

组合键编组，此时"图层"面板显示如图6-45所示。按Ctrl+Shift+G组合键可取消编组。如果一个组内部还有其他组，执行取消编组命令时，内部的组也会被逐层解散，如图6-46所示。

图 6-44　　　　　　　　　图 6-45　　　　　　　　　图 6-46

动手练 宠物圆形徽章

📖 **素材位置：本书实例\第6章\动手练\宠物圆形徽章\徽章.ai**

本练习介绍如何将位图转换为矢量图，主要运用的知识点有置入、比例缩放、图像描摹、锁定/解锁、编组/取消编组等。具体操作过程如下。

步骤01 在AIGC平台输入关键词（宠物徽章，线条轮廓，白色背景，LOGO），生成的图像如图6-47所示。置入文档中缩小90%，效果如图6-48所示。

步骤02 在"图像描摹"面板中设置描摹预设为"16色"，扩展后使用"魔棒工具"单击背景，效果如图6-49所示。

图 6-47　　　　　　　　　图 6-48　　　　　　　　　图 6-49

步骤03 按Delete键删除背景，效果如图6-50所示。

步骤04 选择图层组，在上下文任务栏中单击"取消编组"按钮 ，效果如图6-51所示。

步骤05 使用"魔棒工具"单击圆环内背景，效果如图6-52所示。

图 6-50　　　　　　　　　图 6-51　　　　　　　　　图 6-52

步骤 06 在控制栏中单击"重新着色图稿"按钮🔵，在弹出的对话框中调整颜色（图6-53），效果如图6-54所示。选择蓝灰色圆环，按Ctrl+2组合键锁定，在"图层"面板中筛选"锁定"图层类型，效果如图6-55所示。

图 6-53   图 6-54   图 6-55

步骤 07 使用"套索工具"沿蓝灰色圆环绘制选取内部路径，如图6-56所示。

步骤 08 按Ctrl+2组合键锁定，"图层"面板显示效果如图6-57所示。

步骤 09 按Ctrl+A组合键全选，选中圆环外的路径，按Delete键删除，效果如图6-58所示。

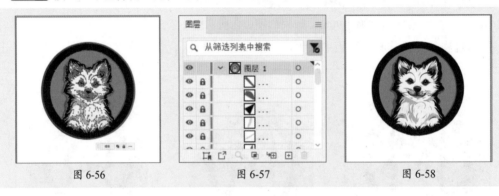

图 6-56   图 6-57   图 6-58

步骤 10 执行"对象"|"全部解锁"命令解锁全部图层，按Ctrl+A组合键全选，按Ctrl+G组合键编组，效果如图6-59所示。

步骤 11 选择"椭圆工具"，按Shift+Alt组合键从中心等比例绘制正圆，如图6-60所示。

步骤 12 按Ctrl+A组合键全选，右击，在弹出的快捷菜单中执行"建立剪贴蒙版"命令，效果如图6-61所示。

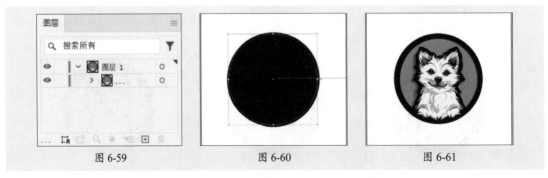

图 6-59   图 6-60   图 6-61

至此，完成宠物圆形徽章的制作。

6.5 对齐与分布

对齐与分布功能可以帮助设计师精确地排列和组织对象，使其整齐有序。选择多个对象后，在控制栏中单击 对齐 按钮，或者执行"窗口"|"对齐"命令，可打开"对齐"面板，如图6-62所示。通过该面板中的按钮可设置对象的对齐与分布。

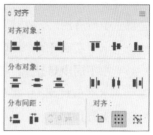

图 6-62

▎6.5.1 选择对齐依据

"对齐"面板的对齐选项中提供多种对齐依据，方便用户根据设计需求精确地排列对象。

- **对齐画板** ▣：将选中的对象与画板的边缘或中心点对齐。图6-63所示为以画板为对齐依据后的左对齐效果。
- **对齐所选对象** ▦：将选中的对象相互之间进行对齐，是最常见的对齐方式，用于调整对象之间的相对位置，也是默认的对齐依据。
- **对齐关键对象** ▨：以选中的一个或多个特定对象为基准，将其他对象与之对齐。全选对象后，再次单击对齐的关键对象，如图6-64所示，单击"垂直居中对齐"按钮 ▣，效果如图6-65所示。

图 6-63

图 6-64

图 6-65

单击"对齐关键对象"按钮后，激活分布间距选项组。该组中有两个命令按钮和指定间距值，两个按钮分别为"垂直分布间距"按钮 ▤ 和"水平分布间距"按钮 ▥。将对象全部选中，如图6-66所示，输入指定间距值为20px，单击"垂直分布间距"按钮，效果如图6-67所示。单击"水平分布间距"按钮，效果如图6-68所示。

图 6-66

图 6-67

图 6-68

6.5.2 对齐对象

对齐对象是指将选中的对象按照特定的对齐方式排列，使它们之间保持一定的位置关系。全部选中所有图层，在"对齐"面板中可单击"对齐对象"选项组中的相应按钮进行对齐。

- **水平左对齐**▤：将对象的左边缘对齐到同一垂直线上。
- **水平居中对齐**▤：将对象的水平中心点对齐到同一垂直或水平线上。
- **水平右对齐**▤：将对象的右边缘对齐到同一垂直线上。
- **垂直顶对齐**▤：将对象的上边缘对齐到同一水平线上。
- **垂直居中对齐**▤：将对象的垂直中心点对齐到同一水平线上。
- **垂直底对齐**▤：将对象的下边缘对齐到同一水平线上。

6.5.3 分布对象

分布对象是指将选中的对象在水平或垂直方向上均匀分布，使它们之间的间距相等。全部选中所有图层，在"对齐"面板中可单击"分布对象"选项组中的相应按钮进行对齐。

- **垂直顶分布**▤：将选定对象的上边缘对齐，使它们的上边缘在同一水平线上，并且对象之间的垂直间距相等。
- **垂直居中分布**▤：将选定对象的垂直中心对齐，使它们的中心在同一水平线上，并且对象之间的垂直间距相等。
- **垂直底分布**▤：将选定对象的下边缘对齐，使它们的下边缘在同一水平线上，并且对象之间的垂直间距相等。
- **水平左分布**▤：将选定对象的左边缘对齐，使它们的左边缘在同一垂直线上，并且对象之间的水平间距相等。
- **水平居中分布**▤：将选定对象的水平中心对齐，使它们的中心在同一垂直线上，并且对象之间的水平间距相等。
- **水平右分布**▤：将选定对象的右边缘对齐，使它们的右边缘在同一垂直线上，并且对象之间的水平间距相等。

动手练 **人物九宫格** ──────────────────────────

📙 **素材位置：本书实例\第6章\动手练\人物九宫格\九宫格.ai**

本练习介绍如何制作等距的人物九宫格，主要运用的知识点有置入、比例缩放、对齐与分布等。具体操作过程如下。

步骤 **01** 执行"文件"|"置入"命令，在弹出的"置入"对话框中将素材全部选中，取消勾选"链接"复选框，如图6-69所示。

步骤 **02** 单击"置入"按钮后依次单击置入素材，效果如图6-70所示。

步骤 **03** 全选后双击"比例缩放工具"，在弹出的"比例缩放"对话框中设置参数，如图6-71所示。

图 6-69　　　　　　　　　　　　图 6-70　　　　　　　　　　　　图 6-71

步骤 04 单击"确定"按钮后效果如图6-72所示。

步骤 05 选择最上方图像，移动至左上角，使其与面板顶对齐与左对齐，效果如图6-73所示。

步骤 06 依次选择3个对象，移动位置使其与画板的右上、左下、右下边缘对齐，效果如图6-74所示。

图 6-72　　　　　　　　　　　　图 6-73　　　　　　　　　　　　图 6-74

步骤 07 依次选择对象，执行顶对齐、左对齐、右对齐与底对齐操作，效果如图6-75所示。

步骤 08 选择画板中间的图像，设置水平居中对齐与垂直居中对齐，效果如图6-76所示。

步骤 09 按住Shift键选中上、下两个中间图像，再次单击画板中间的图像，使其成为关键对象，效果如图6-77所示。

图 6-75　　　　　　　　　　　　图 6-76　　　　　　　　　　　　图 6-77

步骤 10 设置水平居中对齐与垂直居中对齐，效果如图6-78所示。

步骤 11 使用相同的方法，选中横向中间的图像垂直居中对齐，效果如图6-79所示。

步骤 12 按Ctrl+A组合键将图像全部选中，缩至90%，效果如图6-80所示。

图 6-78　　　　　　　　图 6-79　　　　　　　　图 6-80

至此，完成人物九宫格的制作。

6.6 案例实战：蓝系清新格纹背景

📖 **素材位置：本书实例\第6章\案例实战\蓝系清新格纹背景\格纹.ai**

本练习介绍如何制作蓝系清新格纹，主要运用的知识点有直线与虚线的绘制、混合工具的设置、图层与对象的复制、编组、不透明度的设置及剪贴蒙版的建立。具体操作过程如下。

步骤 01 选择"直线段工具"，按住Shift键绘制直线段，设置描边为6pt蓝色（#2EA7E0），效果如图6-81所示。按住Alt键移动并复制直线段，按Ctrl+D组合键连续复制，效果如图6-82所示。

步骤 02 选择第二条直线段，按住Shift键选中第5条直线段，更改描边为2pt，效果如图6-83所示。

图 6-81　　　　　　　　图 6-82　　　　　　　　图 6-83

步骤 03 选择第三条直线段，设置描边与虚线参数，如图6-84所示。效果如图6-85所示。

步骤 04 按Ctrl+A组合键将直线段全部选中，在"对齐"面板中单击"对齐关键对象"按钮，设置分布间距为8px，如图6-86所示。

步骤 05 单击"垂直分布间距"按钮，效果如图6-87所示。

图 6-84

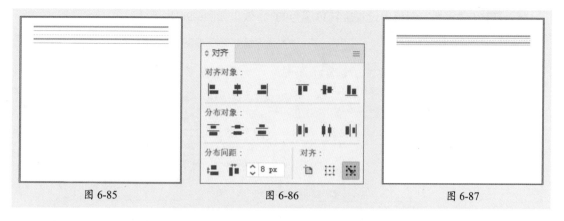

<table>
<tr><td>图 6-85</td><td>图 6-86</td><td>图 6-87</td></tr>
</table>

步骤 06 选择底部两个直线段，按↓键4次，效果如图6-88所示。

步骤 07 按Ctrl+A组合键选中全部线段，按Ctrl+G组合键编组，效果如图6-89所示。

步骤 08 按住Alt键向下移动并复制，按Ctrl+A组合键选中全部线段，效果如图6-90所示。

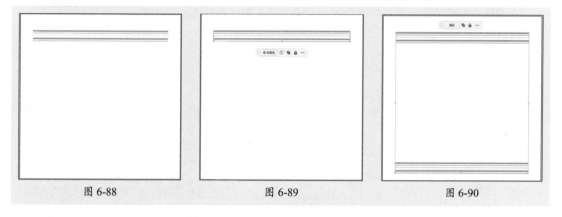

<table>
<tr><td>图 6-88</td><td>图 6-89</td><td>图 6-90</td></tr>
</table>

步骤 09 双击"混合工具" ，在弹出的"混合选项"对话框中设置参数，如图6-91所示。

步骤 10 按Ctrl+Alt+B组合键创建混合，效果如图6-92所示。

步骤 11 水平拉伸全部线段后再垂直居中对齐，效果如图6-93所示。

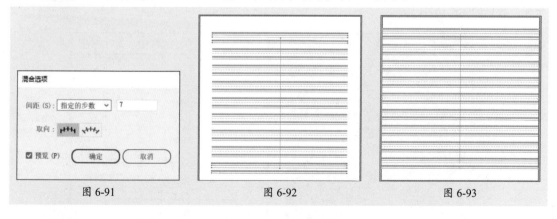

<table>
<tr><td>图 6-91</td><td>图 6-92</td><td>图 6-93</td></tr>
</table>

步骤 12 将"不透明度"设置为80%，效果如图6-94所示。

步骤 13 在"图层"面板中，拖动"图层1"至"创建新图层"按钮 处以复制图层，效果
如图6-95所示。

步骤14 在"属性"面板中设置旋转角度为90°,效果如图6-96所示。

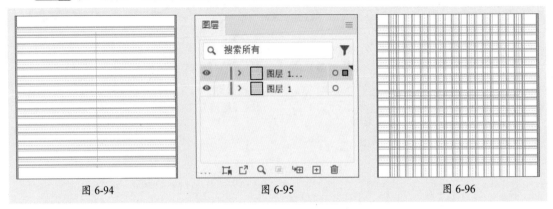

图 6-94 图 6-95 图 6-96

步骤15 在控制栏中单击"不透明度"按钮 不透明度 ,在弹出的对话框中设置参数,如图6-97所示。效果如图6-98所示。

步骤16 按Ctrl+A组合键全选,按Shift+Alt组合键等比例放大,效果如图6-99所示。

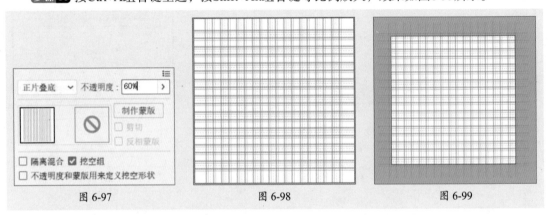

图 6-97 图 6-98 图 6-99

步骤17 选择"矩形工具" ⬚ 绘制和文档等大的矩形,如图6-100所示。

步骤18 按Ctrl+A组合键选中全部对象,右击,在弹出的快捷菜单中执行"建立剪贴蒙版"命令,效果如图6-101所示。

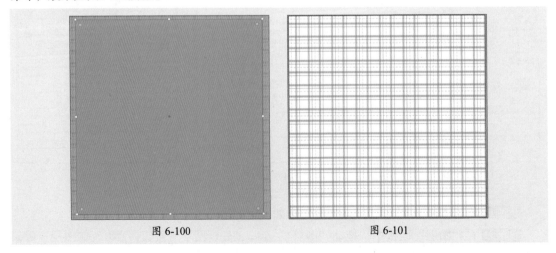

图 6-100 图 6-101

至此,完成蓝系清新格纹背景的制作。

6.7 拓展练习

练习1 植物画册内页

📖 **素材位置：本书实例\第6章\拓展练习\植物画册内页\画册内页.ai**

下面练习利用矩形工具与"渐变"面板工具，对置入素材执行对齐与分布、对象排列操作制作植物画册内页。

📈 制作思路

创建A3大小的文档，使用"矩形工具"绘制A4大小的矩形，填充渐变并锁定，效果如图6-102所示。置入素材图像，如图6-103所示。借助对齐与分布、对象排列命令排列图像，效果如图6-104所示。

图 6-102

图 6-103

图 6-104

练习2 创建九分图效果

📖 **素材位置：本书实例\第6章\拓展练习\创建九分图效果\九分图.ai**

下面练习利用矩形工具、路径（分割为网格）、"图层"面板工具，执行建立剪切蒙版操作制作九分图效果。

📈 制作思路

置入素材，绘制等大的矩形，分割为九宫格效果，如图6-105所示。连续复制素材8次，如图6-106所示。分别选择矩形和素材图像创建剪贴蒙，如图6-107所示，制作完成后的效果如图6-108所示。

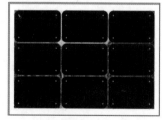
图 6-105

图 6-106

图 6-107

图 6-108

第7章
文本内容的编辑与优化

在Illustrator中，文本是设计过程中不可或缺的元素之一。文本不仅可以传达信息，还能通过字体、排版、颜色、效果等增强设计的视觉效果和整体氛围。本章对文本类工具的使用方法、字符与段落的设置、轮廓的创建、文本串接以及文本绕排等内容进行讲解。

7.1 文字类工具解析

Illustrator提供多种文字类工具帮助用户灵活地输入和编辑文字。通过熟练掌握这些工具，用户可以更加高效地完成设计工作。

7.1.1 简单文字工具

使用"文字工具" T 或"直排文字工具" IT ，可单击任意位置输入文本，如图7-1所示。输入的文字独立成行或列，不会自动换行，需按Enter键进行行换行，如图7-2所示。

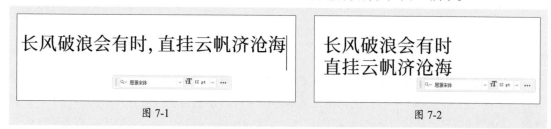

图 7-1　　　　　　　　　　　　　　　　　图 7-2

若需要输入大量文字，可以通过创建文本框输入。选择"文字工具"，在画板上按住鼠标拖曳可创建文本框，如图7-3所示，在文本框中输入文字时，文字到达文本框边界时会自动换行，拖动文本框边框可调整文本框大小，如图7-4所示。若文字过多，出现"溢出"标记 ⊞ ，使用"选择工具"可调整文本框的高度，显示全部文字，效果如图7-5所示。

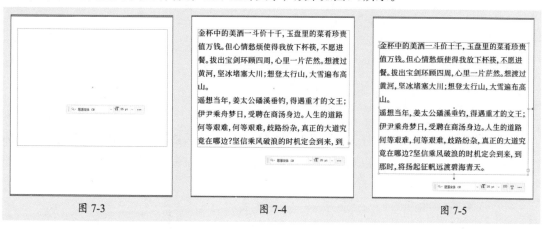

图 7-3　　　　　　　　　　图 7-4　　　　　　　　　　图 7-5

7.1.2 区域文字工具

区域文字工具可以在矢量图形中输入文字，输入的文字根据区域的边界自动换行，适用于需要排版的文本内容。绘制矢量图形，如图7-6所示。选择"区域文字工具" ，移动光标至矢量图形内部路径边缘上，此时光标变为 状，如图7-7所示。输入文字，效果如图7-8所示。

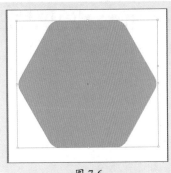
图 7-6

图 7-7

金杯中的美酒一斗价
十千，玉盘里的菜肴珍贵值
万钱。但心情愁烦使得我放下杯
筷，不愿进餐。拔出宝剑环顾四周，
心里一片茫然。想渡过黄河，坚冰堵塞
大川；想登太行山，大雪遍布高山。
遥想当年，姜太公磻溪垂钓，得遇重才的文王；
伊尹乘舟梦日，受聘在商汤身边。人生的
道路何等艰难，何等艰难，歧路纷杂，
真正的大道究竟在哪边？坚信乘风
破浪的时机定会到来，到那时，
将扬起征帆远渡碧海青天。
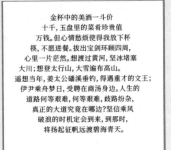
图 7-8

7.1.3　路径文字工具

路径文字工具允许用户将文字沿着自定义的路径排列，创造独特的视觉效果。水平输入文本时，字符的排列与基线平行；垂直输入文本时，字符的排列与基线垂直。使用路径工具绘制路径，如图7-9所示。选择"路径文字工具" ，移动光标至路径边缘，此时光标变为 状，单击将路径转换为文本路径，如图7-10所示，输入文字即可，如图7-11所示。

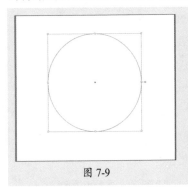
图 7-9

图 7-10

图 7-11

选中路径文字，使用"选择工具"或者"直接选择工具"，移动光标至其起点位置，待光标变为 状，如图7-12所示，按住鼠标拖曳可调整路径文字起点位置，如图7-13所示，释放鼠标即可应用效果，如图7-14所示。

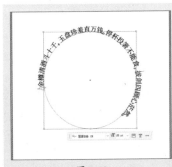
图 7-12

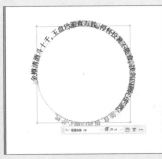
图 7-13

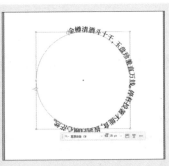
图 7-14

知识点拨

移动光标至其终点位置，待光标变为 状时，按住鼠标拖曳可调整路径文字终点。

Illustrator为路径文字提供多种效果选项，以增强设计的视觉冲击力。执行"文字"|"路径文字"|"路径文字选项"命令，在弹出的对话框中可以设置参数，如图7-15所示。图7-16和图7-17所示分别为倾斜和阶梯效果。

图 7-15

图 7-16

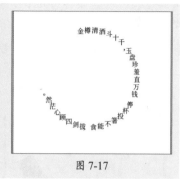
图 7-17

7.1.4 修饰文字工具

修饰文字工具可以在保持文字属性的状态下对单个字符进行移动、旋转和缩放等操作。选择"文字工具"输入文字，选择"修饰文字工具" ，在字符上单击即可显示定界框，如图7-18所示。按住鼠标可上下或左右移动，图7-19所示为上下移动，释放鼠标后的应用效果如图7-20所示。

图 7-18

图 7-19

图 7-20

将光标放至左上角的控制点上，按住鼠标上下拖动可将字符沿垂直方向拉伸，将光标放至右下角的控制点上，单击选中，按住鼠标左右拖动可沿水平方向拉伸，效果如图7-21所示。将光标放至顶端的控制点上，按住鼠标可以旋转字符，效果如图7-22所示。将光标放至右上角的控制点上，按住鼠标可以等比例缩放字符，如图7-23所示。

图 7-21

图 7-22

图 7-23

动手练 路径绕排文字效果

📖 **素材位置：本书实例\第7章\动手练\路径绕排文字效果\路径文字.ai**

　　本练习介绍如何制作路径绕排文字效果，主要用到的工具有钢笔工具、路径文字工具、选择工具等。具体操作过程如下。

　　步骤 01 选择"钢笔工具"绘制路径，设置描边为70pt，如图7-24所示。

　　步骤 02 按Ctrl+C组合键复制，按Ctrl+F组合键原位粘贴，选择"路径文字工具"输入文字，如图7-25所示。在"字符"面板中设置参数，如图7-26所示。

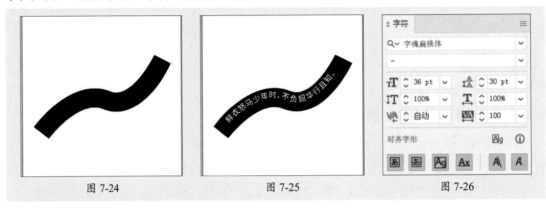

|图 7-24|图 7-25|图 7-26|

　　步骤 03 效果如图7-27所示。执行"文字"|"路径文字"|"路径文字选项"命令，在弹出的对话框中可以设置参数，如图7-28所示。

　　步骤 04 使用"选择工具"调整显示，更改路径颜色后的显示效果如图7-29所示。

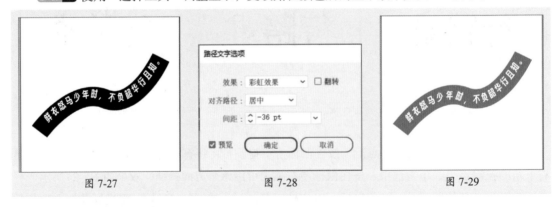

|图 7-27|图 7-28|图 7-29|

　　至此，完成路径绕排文字效果的制作。

7.2 字符与段落设置

　　字符和段落的设置是通过"字符"面板与"段落"面板来实现的，这两个面板为设计师提供丰富的选项来精确控制文本的外观和布局。

▎7.2.1 "字符"面板

　　"字符"面板是控制文本字符属性的核心工具，它允许设计师调整文本的字体、大小、颜

Illustrator图形创意设计与制作（AIGC全彩微课版）

色、间距等细节，以确保文本在视觉上的一致性和美观性。执行"窗口"|"文字"|"字符"命令或按Ctrl+T组合键，打开"字符"面板，如图7-30所示。该面板中部分常用选项的功能如下。

- **设置字体系列**：在下拉列表中可以选择文字的字体。
- **设置字体样式**：设置所选字体的字体样式。
- **设置字体大小** ：在下拉列表中可以选择字体大小，也可以输入自定义数字。
- **设置行距**：设置字符行之间的间距大小。
- **垂直缩放**：设置文字的垂直缩放百分比。
- **水平缩放**：设置文字的水平缩放百分比。
- **设置两个字符间距微调**：微调两个字符间的间距。
- **设置所选字符的字距调整**：设置所选字符的间距。
- **对齐字形**：准确对齐实时文本的边界。可单击选择"全角字框" 、"全角字框居中" 、"字形边框" 、"基线" 、"角度参考线" 以及"锚点" 。启用该功能，需执行"视图"|"对齐字形/智能参考线"命令。

图 7-30

单击"字符"面板右上角的 按钮，在弹出的菜单中执行"显示选项"命令，此时，面板中间部分会显示被隐藏的选项，如图7-31所示。该部分选项的功能如下。

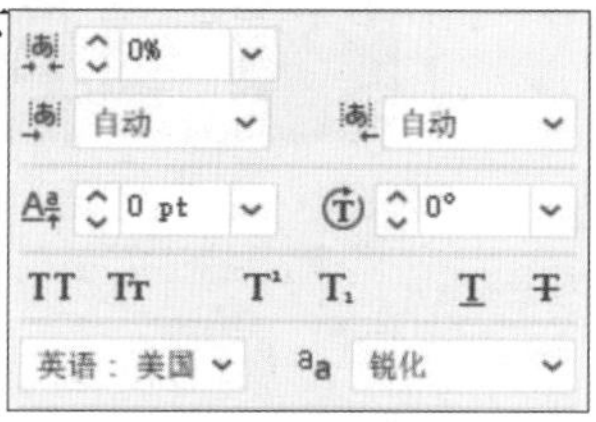

- **比例间距**：设置字符的比例间距。
- **插入空格（左）**：在字符左端插入空格。
- **插入空格（右）**：在字符右端插入空格。
- **设置基线偏移**：设置文字与文字基线之间的距离。
- **字符旋转**：设置字符旋转角度。

图 7-31

- **特殊文字样式**：设置字符效果，从左至右依次为"全部大写字母" 、"小型大写字母" 、"上标" 、"下标" 、"下画线" 和"删除线" 。
- **设置消除锯齿的方法**：在下拉列表中可选择"无""锐化""明晰"和"强"。

动手练 道路指示牌

📖 **素材位置**：本书实例\第7章\道路指示牌\指示牌.ai

本练习介绍如何制作道路指示牌，主要用到的工具有矩形工具、文字工具、"字符"面板和镜像工具。具体操作过程如下。

步骤 01 创建宽度为130cm、高度为45cm的文档，如图7-32所示。

步骤 02 选择"矩形工具"，创建宽度为120cm、高度为36cm、圆角半径为2cm的圆角矩形，设置填充颜色（#F4F4F4）后居中对齐，效果如图7-33所示。

图 7-32

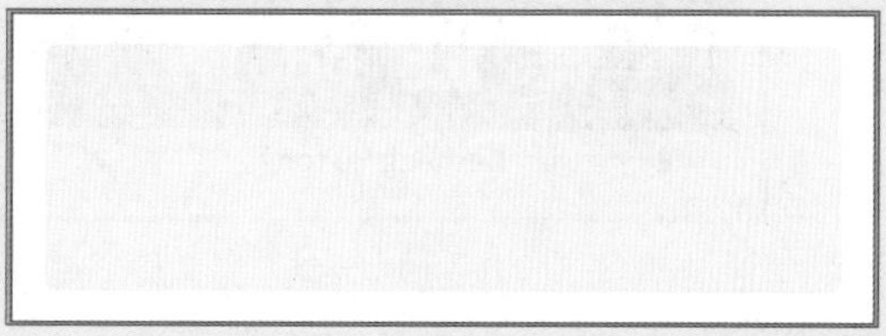

图 7-33

步骤 03 按Ctrl+C组合键复制，按Ctrl+F组合键原位粘贴，调整高度为26cm，设置左下和右下圆角半径为0，效果如图7-34所示。更改填充颜色（#214894），效果如图7-35所示。

步骤 04 使用"文字工具"输入文字，在"字符"面板中设置参数，如图7-36所示。

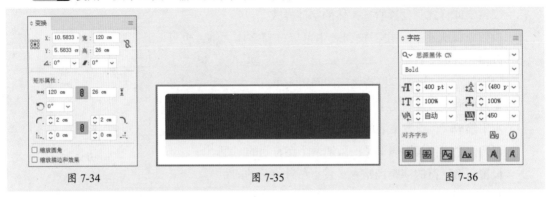

| 图 7-34 | 图 7-35 | 图 7-36 |

步骤 05 更改字体颜色为白色，居中对齐后效果如图7-37所示。继续输入文字，更改字号为150pt、字重为Regular、字体颜色为黑色，居中对齐后效果如图7-38所示。

| 图 7-37 | 图 7-38 |

步骤 06 继续输入文字，更改字号为180pt、字体颜色为白色，按住Alt键移动并复制后更改文字，效果如图7-39所示。选择"东"和"西"，按住Alt键移动并复制，更改字体颜色、内容与大小（140pt），居中对齐后效果如图7-40所示。

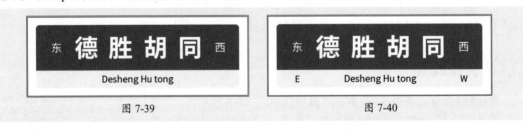

| 图 7-39 | 图 7-40 |

步骤 07 使用"多边形工具"绘制宽度为2.8cm、高度为4cm的三角形，填充为白色，效果如图7-41所示。单击"镜像工具"后按住Alt键调整中心点，在弹出的"镜像"对话框中设置为垂直对齐，单击"复制"按钮，效果如图7-42所示。

| 图 7-41 | 图 7-42 |

至此，完成道路指示牌的制作。

7.2.2 "段落"面板

"段落"面板专注于整个段落的布局和对齐方式，通过调整缩进、行距、段前段后间距等参数，可以控制文本在段落层面的排列和间隔，以达到预期的视觉效果。执行"窗口"|"文字"|"段落"命令，或按Ctrl+Alt+T组合键，可打开"段落"面板，如图7-43所示。

1. 文本对齐

"段落"面板最上方包括7种对齐方式，其作用如下。

图 7-43

- **左对齐**▤：文字将与文本框的左侧对齐。
- **居中对齐**▤：文字将按照中心线和文本框对齐。
- **右对齐**▤：文字将与文本框的右侧对齐。
- **两端对齐，末行左对齐**▤：在每一行中尽量多地排入文字，行两端与文本框两端对齐，最后一行和文本框的左侧对齐。
- **两端对齐，末行居中对齐**▤：在每一行中尽量多地排入文字，行两端与文本框两端对齐，最后一行和文本框的中心线对齐。
- **两端对齐，末行右对齐**▤：在每一行中尽量多地排入文字，行两端与文本框两端对齐，最后一行和文本框的右侧对齐。
- **全部两端对齐**▤：文本框中的所有文字按照文本框两端进行对齐，中间通过增大字间距来填充，文本的两侧保持整齐。

2. 项目符号与编号

在项目符号列表中，每个段落的开头有一个项目符号字符。在带编号的列表中，每个段落开头采用的表达方式包括一个数字或字母和一个分隔符，如句号或括号。在"段落"面板中，分别单击"段落符号"▤和"编号列表"▤旁的"查看项目符号"选项按钮▾，在菜单中单击预设符号即可应用，如图7-44和图7-45所示。

若要对预设符号和编号进行更改调整，可以单击预设菜单中的"更多"按钮⋯，在弹出的"项目符号和编号"对话框中选择预设的项目符号与编号，如图7-46和图7-47所示。

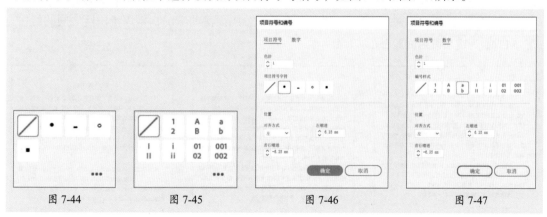

图 7-44   图 7-45   图 7-46   图 7-47

3. 段落缩进

缩进是指文本和文字对象边界间的间距量，可以为多个段落设置不同的缩进。在"段落"面板中，包括"左缩进"▤、"右缩进"▤和"首行缩进"▤3种缩进方式。当输入的数值为正数时，段落首行向内缩排；当输入的数值为负数时，段落首行向外凸出。

（1）左缩进。左缩进指段落左边缘与页面左边缘或指定边界之间的空间量，通过增加左缩进，可以使段落内容向右移动，从而区分不同的段落或创建特定的视觉效果。图7-48和图7-49所示为左缩进20pt的前、后效果。

（2）右缩进。右缩进是指段落右边缘与页面右边缘或指定边界之间的空间量。通常用于保持文本对齐或创建特定的文本布局效果。图7-50所示为右缩进20pt的效果。

（3）首行缩进。首行缩进是指段落中第一行文本相对于后续行文本向右移动的空间量。在文本排版中，首行缩进是一种常见的段落格式，通常设置为两个字符的宽度，以区分段落的开始。图7-51所示为首行缩进50pt的效果。

图 7-48 　　　　　　　　图 7-49 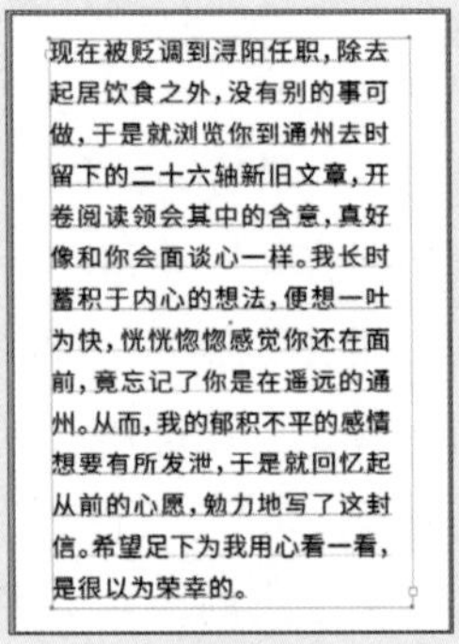　　　　　　　　图 7-50 　　　　　　　　图 7-51

4. 段落间距

设置段落间距可以更加清楚地区分段落，便于读者阅读。在"段落"面板中可以设置"段前间距"和"段后间距"参数，设置所选段落与前一段或后一段的距离。

（1）段前间距。指段落上方与前一个段落之间的距离，增加段前间距会使当前段落向下移动，从而增加与上方段落的距离。适用于需要强调段落分隔的情况，常用于标题与正文之间的间距。图7-52和图7-53所示为应用段前间距12pt前、后的效果。

（2）段后间距。指段落下方与下一个段落之间的距离。增加段后间距会使当前段落向上移动，从而增加与下方段落的距离。适用于需要清晰分隔段落的情况，常用于段落之间的留白。图7-54所示为应用段后间距6pt的效果。

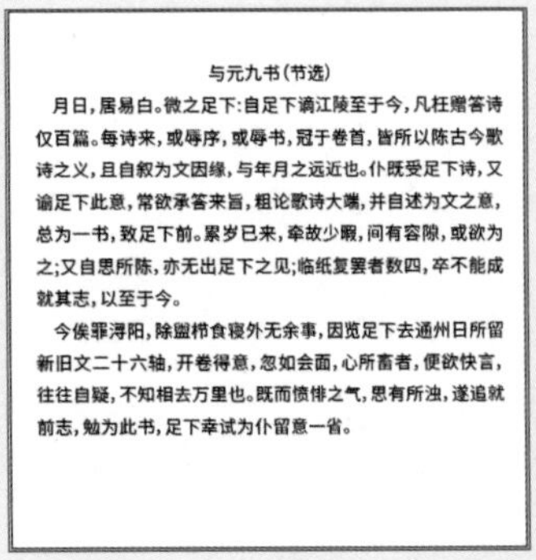

图 7-52 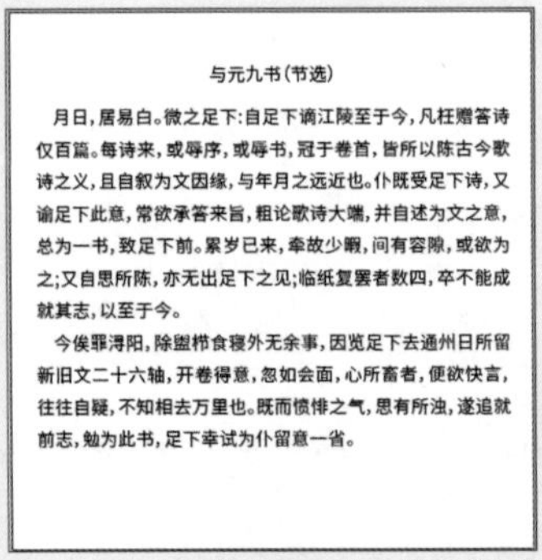　　　　　　　　图 7-53 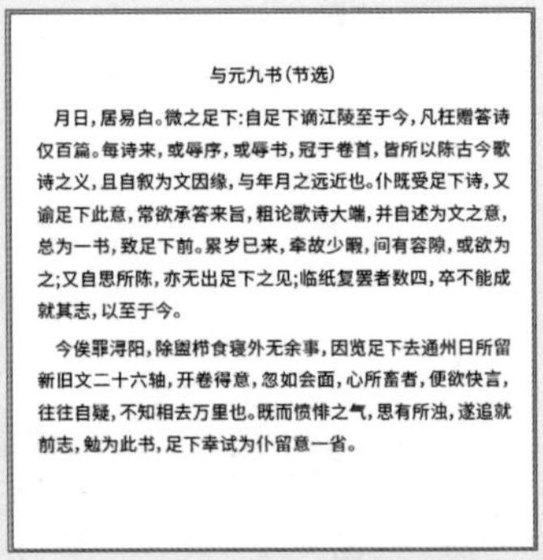　　　　　　　　图 7-54

5. 避头尾集

避头尾集用于指定中文文本的换行方式。避头是避免某些字符（如句号、问号、叹号等标点符号）出现在行首。避尾是避免成对使用的标点符号（如引号、括号、书名号等）的前半部分出现在行末，且其后半部分不能出现在行首。系统默认为"无"，用户可根据需要选择"严格"或"宽松"选项，图7-55和图7-56所示为应用"严格"的前、后效果。若要对避头尾集进行设置，可以在"避头尾集"的下拉列表中选择"避头尾集设置"选项，在弹出的"避头尾法则设置"对话框中设置参数，如图7-57所示。

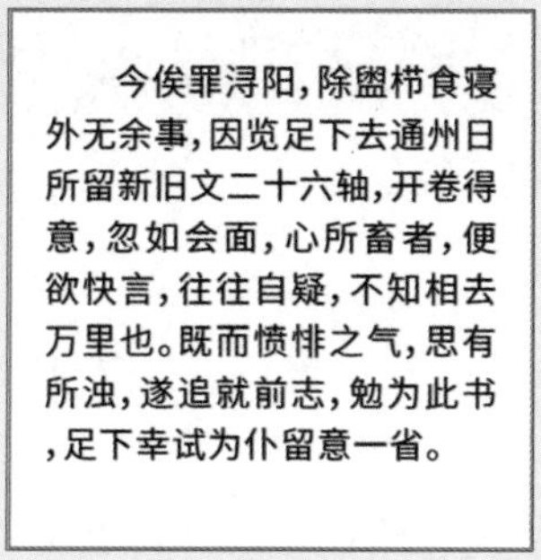

今俟罪浔阳，除盥栉食寝外无余事，因览足下去通州日所留新旧文二十六轴，开卷得意，忽如会面，心所畜者，便欲快言，往往自疑，不知相去万里也。既而愤悱之气，思有所浊，遂追就前志，勉为此书，足下幸试为仆留意一省。

图 7-55

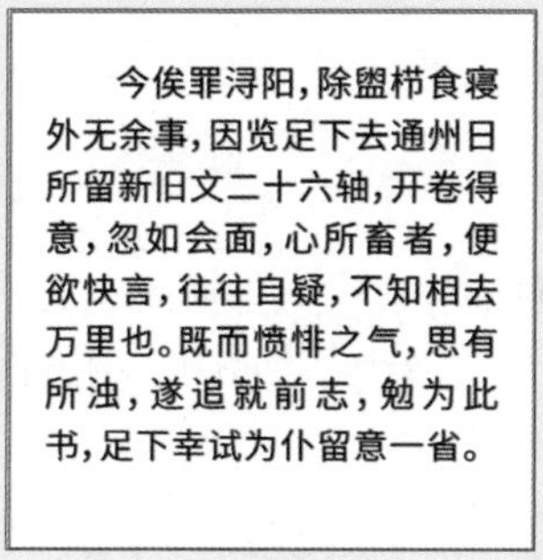

今俟罪浔阳，除盥栉食寝外无余事，因览足下去通州日所留新旧文二十六轴，开卷得意，忽如会面，心所畜者，便欲快言，往往自疑，不知相去万里也。既而愤悱之气，思有所浊，遂追就前志，勉为此书，足下幸试为仆留意一省。

图 7-56

图 7-57

7.3 文本的编辑

Illustrator在文本编辑方面提供多种强大的功能和工具，能够满足设计师多样化的设计需求。无论是创建轮廓、串接文本还是文本绕排和分栏等操作都可以通过简单的步骤实现。

7.3.1 创建轮廓

创建轮廓是指将文本转换为可编辑的矢量图形，使其不再作为可编辑的字符，而是变为路径形状。选中目标文字，如图7-58所示，执行"文字"|"创建轮廓"命令或按Shift+Ctrl+O组合键即可，如图7-59所示。

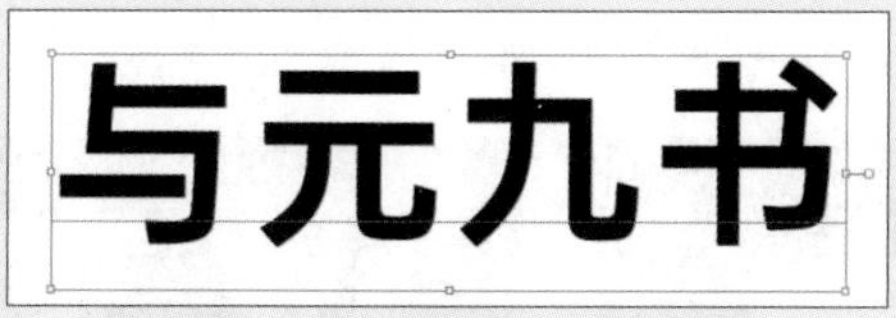

与元九书

图 7-58

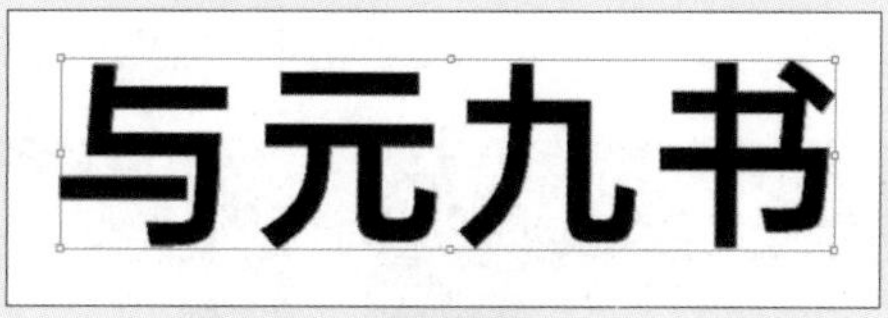

与元九书

图 7-59

动手练 拆解文字笔画

📖 **素材位置：** 本书实例\第7章\拆解文字笔画\拆解文字.ai

本练习介绍如何拆解文字笔画结构，主要用到的工具有文字工具、剪刀工具和美工刀。具体操作过程如下。

步骤 01 绘制与文档等大的矩形，填充颜色（#006934）后锁定图层，效果如图7-60所示。

步骤 02 选择"文字工具"输入文字，在"字符"面板中设置参数，如图7-61所示。

步骤 03 更改字体颜色（#FEFBEB），效果如图7-62所示。

图 7-60

图 7-61

图 7-62

步骤 04 按Shift+Ctrl+O组合键创建轮廓，效果如图7-63所示。

步骤 05 取消分组后选择"说"字，右击，在弹出的快捷菜单中执行"释放复合路径"命令，效果如图7-64所示。

步骤 06 框选"兑"，右击，在弹出的快捷菜单中执行"建立复合路径"命令，更改"讠"的颜色（#FFEC9C），效果如图7-65所示。

图 7-63

图 7-64

图 7-65

步骤 07 选择"剪刀工具"，单击连接的两个锚点，效果如图7-66所示。

步骤 08 使用"连接工具"连接断开的锚点，释放复合路径后选择"乂"，如图7-67所示。

步骤 09 使用"吸管工具"拾取"讠"的颜色，效果如图7-68所示。

图 7-66

图 7-67

图 7-68

步骤 10 选择"剪刀工具"单击连接的两个锚点，效果如图7-69所示。

步骤 11 使用"连接工具"连接断开的锚点，释放复合路径后选择"乂"，如图7-70所示。

步骤 12 使用"美工刀工具"分割"解"字右部分笔画为"刀"和"牛"，更改颜色后调整显示，效果如图7-71所示。

图 7-69   图 7-70   图 7-71

至此，完成拆解文字笔画的制作。

7.3.2 串接文本

文本串接是指将多个文本框进行连接，形成一连串的文本框。在第一个文本框中输入文字，多余的文字自动显示在第二个文本框里。通过串接文本可以快速方便地进行文字布局，以及字间距、字号的调整。

创建区域文字或路径文字时，若文字过多，常常会出现文字溢出的情况，此时文本框或文字末端将出现"溢出"标记，如图7-72所示。选中文本，使用"选择工具"在"溢出"标记上单击，移动光标至空白处，此时光标为状，单击即可创建与原文本框串接的新文本框，如图7-73所示。释放鼠标后效果如图7-74所示。

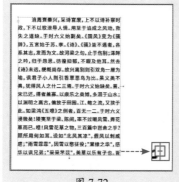

图 7-72   图 7-73   图 7-74

除了直接单击"溢出"标记创建串接文本，还可以通过绘制文本框和对象进行串接（任何形状）。使用绘图工具绘制路径，如图7-75所示。按Ctrl+A组合键全选文本，执行"文字"|"串接文本"|"创建"命令创建串接文本，如图7-76所示。

创建串接文本后，若想解除文本框的串接关系，使文字集中到一个文本框内，可以选中需要释放的文本框，执行"文字"|"串接文本"|"释放所选文字"命令来中断串接，效果如图7-77所示。

图 7-75　　　　　　　　　　图 7-76　　　　　　　　　　图 7-77

▋7.3.3　文本绕排

文本绕排可以使文本围绕着图形对象的轮廓线进行排列，制作出图文并茂的效果。在进行文本绕排时，需要保证图形在文本上方。使用文字工具创建文本，如图7-78所示，置入图形，如图7-79所示。按Ctrl+A组合键全选文本，执行"对象"|"文本绕排"|"建立"命令，在弹出的提示对话框中单击"确定"按钮即可应用效果，如图7-80所示。

图 7-78　　　　　　　　　　图 7-79　　　　　　　　　　图 7-80

可以在绕排文本之前或之后设置绕排选项。执行"对象"|"文本绕排"|"文本绕排"命令，在弹出的"文本绕排选项"对话框中设置参数，如图7-81所示。

该对话框中部分常用选项的功能如下。

图 7-81

- **位移**：指定文本和绕排对象之间的间距大小。可以输入正值或负值。
- **反向绕排**：围绕对象反向绕排文本。

▋7.3.4　文本分栏

对文本进行分栏是一种常见的排版操作，可以提升版面的美观度和阅读体验。使用文字工具创建文本，如图7-82所示，执行"文字"|"区域文字选项"命令，在弹出的对话框中设置行数量或列数量，如图7-83所示，效果如图7-84所示。

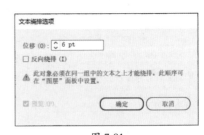

140

Illustrator图形创意设计与制作（AIGC全彩微课版）

又请为左右终言之。凡阁仆《贺雨诗》，众口糟糟，以为非宜美；阁仆《哭孔戡诗》，众面脉脉，尽不悦矣；阁《秦中吟》，则权豪贵近者，相目而变色矣；阁《登乐游园》寄足下诗，则执政柄者扼腕矣；阁《宿紫阁村》诗，则握军要者切齿矣！大率如此，不可遍举。不相与者，号为沽誉，号为诋讦，号为讪谤。苟相与者，则如牛僧孺之诫焉。乃至骨肉妻孥，皆以我为非也。其不我非者，举世不过三两人。有邓鲂者，见仆诗而喜，无何鲂死。有唐衢者，见仆诗而泣，未几衢死。其余即足下。足下又十年来困顿若此。呜呼！岂六义四始之风，天将破坏，不可支持邪？抑又不天意不欲使下人病苦闻于上邪？不然，何有志于诗者，不利若此之甚也！然仆自思关东一男子耳，除读书属文外，其他懵然无知，乃至书画棋博，可以接群居之欢者，一无通晓，即其愚拙可知矣！初应进士时，中朝无缌麻之亲，达官无半面之旧；策蹇步于利足之途，张空拳于战文之场。十年之间，三登科第，名落众耳，迹升清贵，出交贤俊，入侍冤扰。始得名于文章，终得罪于文章，亦其宜也。

图 7-82

区域文字选项

宽度： ○ 522 px 高度： ○ 530 px
行 列
数量： ○ 1 数量： ○ 1
跨距： ○ 530 px 跨距： ○ 162 px
□ 固定 □ 固定
间距： ○ 18 px

位移
内边距： ○ 0 px
首行基线： 全角字框高度 ∨ 最小值： ○ 0 px

对齐
水平： 两 ∨

选项
文本排列： ▤ ▥

□ 自动调整大小 (A)

☑ 预览 (P)   确定 取消

图 7-83

又请为左右终言之。凡阁仆《贺雨诗》，众口糟糟，以为非宜美；阁仆《哭孔戡诗》，众面脉脉，尽不悦矣；阁《秦中吟》，则权豪贵近者，相目而变色矣；阁《宿紫阁村》诗，则握军要者切齿矣！大率如此，不可遍举。不相与者，号为沽誉，号为诋讦，号为讪谤。苟相与者，则如牛僧孺之诫焉。乃至骨肉妻孥，

皆以我为非也。其不我非者，举世不过三两人。有邓鲂者，见仆诗而喜，无何鲂死。有唐衢者，见仆诗而泣，未几衢死。其余即足下。足下又十年来困顿若此。呜呼！岂六义四始之风，天将破坏，不可支持邪？抑又不天意不欲使下人病苦闻于上邪？不然，何有志于诗者，不利此之甚也！仆又自思关东一男子耳，除读书属文外，其他懵然无知，

乃至书画棋博，可以接群居之欢者，一无通晓，即其愚拙可知矣！初应进士时，中朝无缌麻之旧；策蹇步于利足之途，张空拳于战文之场。十年之间，三登科第，名落众耳，迹升清贵，出交贤俊，入侍冤扰。始得名于文章，终得罪于文章，亦其宜也。

图 7-84

7.4 案例实战：四季书签

📓 **素材位置：本书实例\第7章\案例实战\四季书签\书签.ai**

本练习介绍如何制作系列书签，主要运用到的知识点有矩形工具和文字工具的使用、置入图像、不透明度的调整及图像链接的更换。具体操作过程如下。

步骤 01 在AIGC平台输入关键词（关于春天的插画），生成素材并保存，如图7-85所示。

步骤 02 在AIGC平台输入关键词（关于夏天的插画，蓝色系、海边、沙滩、椰子树），生成素材并保存，如图7-86所示。

步骤 03 在AIGC平台输入关键词（关于秋天的插画，黄色系，落叶），生成素材并保存，如图7-87所示。

步骤 04 在AIGC平台输入关键词（关于冬天的插画），生成素材并保存，如图7-88所示。

图 7-85 图 7-86 图 7-87 图 7-88

步骤 05 使用"矩形工具"绘制宽为3.5cm、高为10cm的矩形，如图7-89所示。

步骤 06 置入素材图像，使其宽度为3.5cm，效果如图7-90所示。

步骤 07 打开素材文档，选择部分文字，按Ctrl+C组合键复制，如图7-91所示。

图 7-89

图 7-90

图 7-91

步骤 08 使用"文字工具"创建文本框，然后粘贴文字，在"字符"面板中设置参数，如图7-92所示。在"段落"面板中设置参数，如图7-93所示。

步骤 09 使用"吸管工具"吸取插画中的颜色进行填充，效果如图7-94所示。

图 7-92

图 7-93

图 7-94

步骤 10 继续输入文字，在"字符"面板中设置参数，如图7-95所示。效果如图7-96所示。

步骤 11 按住Alt键移动并复制，效果如图7-97所示。

图 7-95

图 7-96

图 7-97

步骤 12 选择春天所在图层并调整大小，效果图7-98所示。

步骤 13 选择白色矩形，按Ctrl+C组合键复制，按Ctrl+V组合键原位粘贴，按Shift+Ctrl+]组合键置于顶层，如图7-99所示。加选春天所在图层创建剪贴蒙版，效果如图7-100所示。

步骤 14 双击该图层进入隔离模式，调整显示范围，效果图7-101所示。

步骤 15 在任意位置双击退出隔离模式，设置"不透明度"为30%，如图7-102所示。

步骤 16 删除春天所在图层，更换文字内容与颜色（#121901），效果如图7-103所示。

图 7-98 图 7-99 图 7-100

图 7-101 图 7-102 图 7-103

步骤 17 选择"文字工具"输入文字，在"字符"面板中设置参数，效果如图7-104所示。

步骤 18 设置居中对齐后效果如图7-105所示。

步骤 19 继续输入文字，更改字号为10pt，设置为居中对齐，效果如图7-106所示。

图 7-104 图 7-105 图 7-106

步骤 20 按住Alt键移动并复制文本框，输入文字后更改字间距为9pt，调整文本框宽度，效果如图7-107所示。

步骤 21 在"段落"面板中单击"段落符号" 旁的"查看项目符号"按钮 ，在弹出的对话框中单击"更多"按钮，在弹出的"项目符号和编号"对话框中设置参数，如图7-108所示。应用效果如图7-109所示。

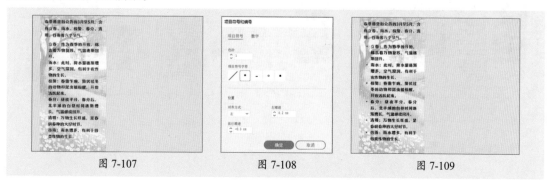

图 7-107 图 7-108 图 7-109

步骤 22 框选书签正面和背面，移动并复制多个，效果如图7-110所示。

步骤 23 选择图像，如图7-111所示。

步骤 24 打开"链接"面板，单击"重新链接"按钮 🔗，在弹出的"置入"对话框中选择"夏天"，单击"置入"按钮，效果如图7-112所示。

图 7-110

图 7-111

图 7-112

步骤 25 使用相同的方法重新链接图像，效果如图7-113所示。

步骤 26 更改文字内容与颜色（#3784B1、#0E4459），效果如图7-114所示。

步骤 27 在"链接"面板中分别选择链接图层重新链接图像，如图7-115所示。效果图7-116所示。

步骤 28 更改文字内容与颜色（#D48F3F、#542211、#09222D），如图7-117所示。最终效果如图7-118所示。

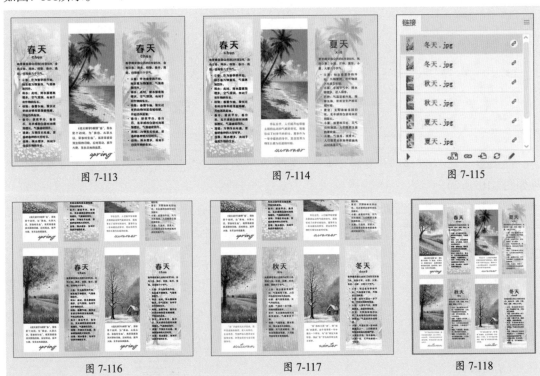

至此，完成四季书签的制作。

Illustrator 图形创意设计与制作（AIGC全彩微课版）

▌练习1 系统维护通知

📖 **素材位置：本书实例\第7章\拓展练习\系统维护通知\通知.ai**

下面利用矩形工具、"渐变"面板、文字工具、"字符"面板及"段落"面板制作系统维护通知。

📊 制作思路

置入素材，创建等大的矩形，并调整"不透明度"为62%，填充蓝色渐变后设置模式为"正片叠底"，效果如图7-119所示。使用"文字工具"输入文字，复制文字后更改颜色，效果如图7-120所示。绘制圆角矩形后，使用"文字工具"输入段落文字，并调整段落样式，效果如图7-121所示。

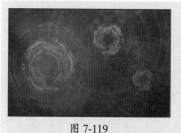
图 7-119

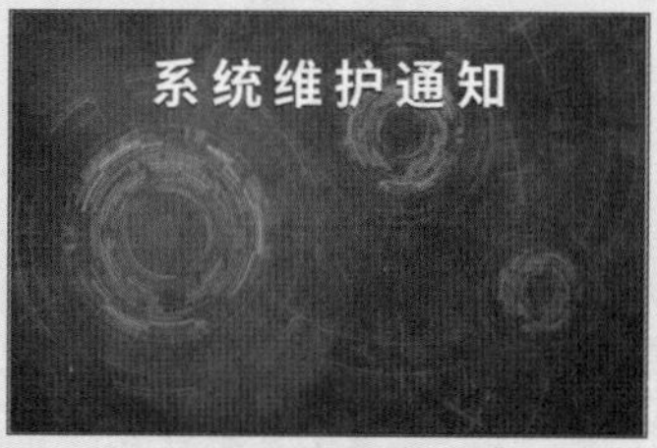

图 7-120

图 7-121

▌练习2 图文混排

📖 **素材位置：本书实例\第7章\拓展练习\图文混排\图文混排.ai**

下面练习利用文字工具、"字符"面板、"段落"面板，通过置入素材、图像描摹、编组及文本绕排制作图文混排效果。

📊 制作思路

使用"文字工具"输入段落文字并设置参数，效果如图7-122所示。置入素材后描摹图像，删除背景后创建组，如图7-123所示。按Ctrl+A组合键全选，执行"对象"|"文本绕排"|"建立"命令，调整文本框的大小与图像的位置，如图7-124所示。

图 7-122

图 7-123

图 7-124

第8章
图表工具与数据可视化

在Illustrator中，数据的可视化编辑允许用户将抽象的数据转化为直观的图形化形式，以便更好地理解和分析。本章对柱形图工具、堆积柱形图工具、折线图工具、饼图工具等图表工具的使用方法，以及图表选项、图表设计的编辑方法进行讲解。

8.1 图表工具组

图表工具组为设计师提供了丰富的图表创建和编辑功能，能够帮助用户快速生成各种专业、美观的数据图表。

8.1.1 柱形图工具

柱形图是最常用的图表表示方法，柱形的高度对应数值。可以组合显示正值和负值，其中，正值显示为在水平轴上方延伸的柱形；负值显示为在水平轴下方延伸的柱形。

选择"柱形图工具" ，可以直接按住鼠标左键拖曳绘制自定义大小的图表，如图8-1所示。按住Shift键可将图表限制为一个正方形，如图8-2所示。若要精确绘制，可以在画板上单击，在弹出的"图表"对话框中设置图表宽度和高度，如图8-3所示。

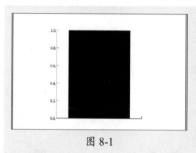 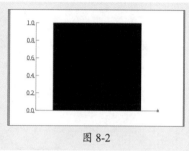 

图 8-1　　　　　　　　　图 8-2　　　　　　　　　图 8-3

知识点拨

在"图表"对话框中定义的尺寸是针对图表的主要部分，并不包括图表的标签和图例。

在"图表"对话框中设置完成后单击"确定"按钮，弹出图表数据输入框，如图8-4所示。在框中输入参数后单击"应用"按钮 即可生成相应的图表，如图8-5所示。

 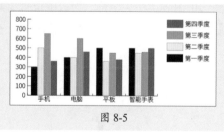

图 8-4　　　　　　　　　　　　图 8-5

图表数据输入框中各选项作用如下。

- **导入数据** ：单击该按钮将弹出"导入图表数据"对话框，用户可从该对话框中选择外部文件来导入数据。
- **换位行/列** ：单击该按钮将交换横排和竖排的数据，交换后单击"应用"按钮方能看到效果。
- **切换X/Y** ：单击该按钮将调换X轴和Y轴的位置。
- **单元格样式** ：单击该按钮将弹出"单元格样式"对话框，用户可以在对话框中设置单元格小数位数和列宽度。

- **恢复 ↺**: 该按钮需在单击"应用"按钮之前使用，单击该按钮将使文本框中的数据恢复至前一步的状态。
- **应用 ✓**: 单击该按钮将应用图表数据输入框中的数据至图表。

动手练 家庭支出柱形图图表

 📑 **素材位置：** 本书实例\第8章\动手练\家庭支出柱形图图表\柱形图.ai

本练习介绍如何制作家庭支出柱形图图表，主要用到的工具有柱形图工具、编组选择工具、拾色器以及文字工具等。具体操作过程如下。

步骤 01 选择"柱形图工具"，按住鼠标拖动绘制图表，如图8-6所示。

步骤 02 在图表数据输入框中输入参数，如图8-7所示。应用效果如图8-8所示。

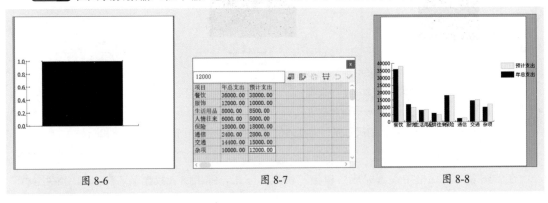

图 8-6　　　　　　　　　图 8-7　　　　　　　　　图 8-8

步骤 03 选中图表，在"字符"面板中设置参数，如图8-9所示。效果如图8-10所示。

步骤 04 使用"编组选择工具"框选除图例之外的坐标轴、柱形、文字标签等，缩放为120%，效果如图8-11所示。

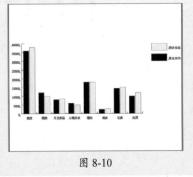
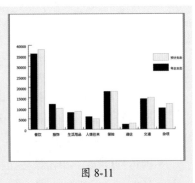

图 8-9　　　　　　　　　图 8-10　　　　　　　　　图 8-11

步骤 05 使用"编组选择工具"选择"预计支出"部分的图例和柱形，更改填充颜色（#5D842C）后将描边设置为无，效果如图8-12所示。

步骤 06 继续更改"年总支出"部分的图例和柱形的颜色（#A75F15），如图8-13所示。

步骤 07 使用"文字工具"输入文字后进行整体调整，效果如图8-14所示。

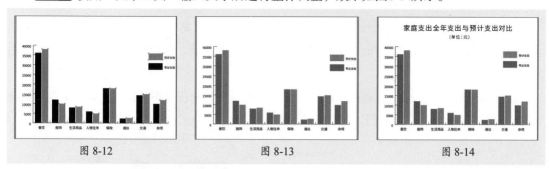

图 8-12   图 8-13   图 8-14

至此，完成家庭支出柱形图图表的制作。

8.1.2 堆积柱形图工具

堆积柱形图与柱形图类似，不同之处在于柱形图只显示单一的数据比较，而堆积柱形图显示全部数据总和的比较。堆积柱形图柱形的高度对应参加比较的数值，其数值必须全部为正数或全部为负数。因此，常用堆积柱形图表进行数据总量的比较。

选择图表后，右击，在弹出的快捷菜单中执行"类型"命令，弹出如图8-15所示的"图表类型"对话框，单击"堆积柱形图工具"按钮，设置完成后单击"确定"按钮，效果如图8-16所示。

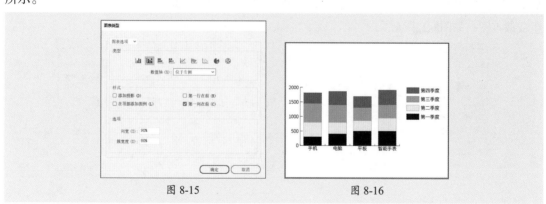

图 8-15   图 8-16

8.1.3 条形图与堆积条形图工具

条形图类似于柱形图，只是柱形图是以垂直方向上的矩形显示图表中的各组数据，而条形图是以水平方向上的矩形来显示图表中的数据。使用"条形图工具"创建的图表如图8-17所示。堆积条形图类似于堆积柱形图，但是堆积条形图是以水平方向的矩形条来显示数据总量，与堆积柱形图正好相反。使用"堆积条形图工具"创建的图表如图8-18所示。

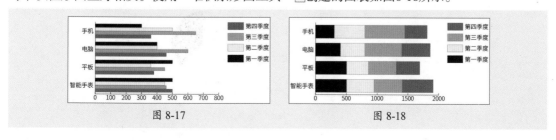

图 8-17   图 8-18

8.1.4　折线图工具与面积图工具

折线图是一种比较常见的图表类型，该类型图表可以显示某种事物随时间变化的发展趋势，并明显地表现出数据的变化走向，给人以直接明了的视觉效果。使用"折线图工具" 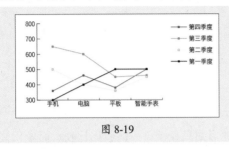创建的图表如图8-19所示。

面积图与折线图类似，区别在于面积图是利用折线下的面积而不是折线来表示数据的变化情况。使用"面积图工具" 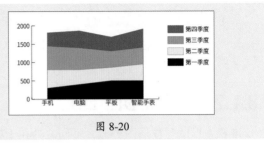创建的图表如图8-20所示。

图 8-19

图 8-20

8.1.5　散点图工具

散点图工具创建的散点图表可以将两种有对应关系的数据同时在一张图表中表现出来。散点图表的横坐标与纵坐标都是数据坐标，两组数据的交叉点形成坐标点。选择"散点图工具" ，在画板上单击，在弹出的对话框中填写参数，如图8-21所示，单击"应用"按钮 即可生成散点图，如图8-22所示。

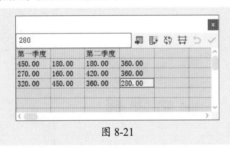

图 8-21

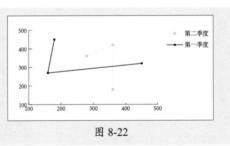

图 8-22

8.1.6　饼图工具

饼图是一种常见的图表，适用于一个整体中各组成部分的比较，该类图表应用的范围比较广。饼图的数据整体显示为一个圆，每组数据按照其在整体中所占的比例，以不同颜色的扇形区域显示。选择"饼图工具" ，在画板上单击，在弹出的对话框中填写参数，如图8-23所示，单击"应用"按钮 即可生成饼图，如图8-24所示。

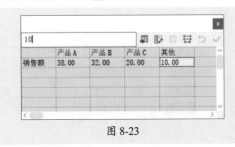

图 8-23

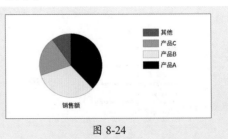

图 8-24

动手练 百分比圆环

📘 **素材位置：** 本书实例\第8章\动手练\百分比圆环\圆环.ai

本练习介绍如何制作百分比圆环，主要用到的工具有饼图工具、路径查找器、编组选择工具以及文字工具等。具体操作过程如下。

步骤 01 选择"饼图工具"，拖动鼠标绘制饼图，如图8-25所示。

步骤 02 单击饼图后在图表数据输入框中输入参数，如图8-26所示。应用效果如图8-27所示。

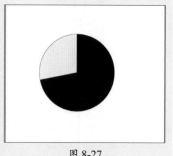

图 8-25   图 8-26   图 8-27

步骤 03 全选饼图后设置描边为无，如图8-28所示。

步骤 04 多次执行"对象"|"扩展"命令，然后执行"对象"|"取消分组"命令，弹出提示框，单击"是"按钮，如图8-29所示，继续取消编组。

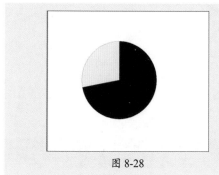
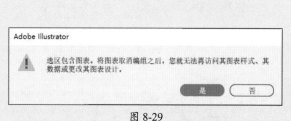

图 8-28   图 8-29

步骤 05 将光标放置在中心点处，按Shift+Alt组合键从中心等比例绘制正圆，效果如图8-30所示。

步骤 06 按Ctrl+A组合键，在"路径查找器"面板中单击"分割"按钮，如图8-31所示。

步骤 07 使用"编组选择工具"选择并删除内部的图形，效果如图8-32所示。

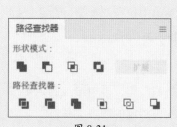
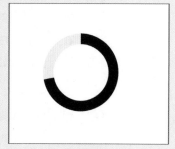

图 8-30   图 8-31   图 8-32

步骤 08 更改颜色（#00A0DA），效果如图8-33所示。选择"文字工具"输入文字，设置字体为思源黑体、Regular、60pt，效果如图8-34所示。

步骤 09 继续输入文字，更改文字内容与字体颜色（#606060），设置"字号"为12pt、"字间距"为100，效果如图8-35所示。

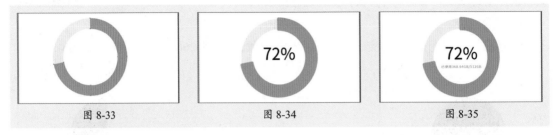

图 8-33　　　　　　　　　图 8-34　　　　　　　　　图 8-35

至此，完成百分比圆环的制作。

8.1.7　雷达图工具

雷达图以一种环形的形式对图表中的各组数据进行比较，形成比较明显的数据对比，该类型图表适合表现一些变化悬殊的数据。选择"雷达图工具"，在画板上单击，在弹出的对话框中填写参数，如图8-36所示，单击"应用"按钮即生成雷达图，如图8-37所示。

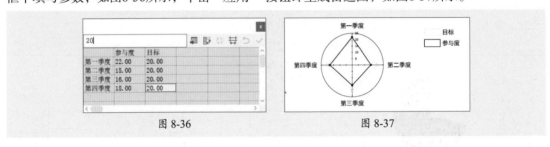

图 8-36　　　　　　　　　　　　　图 8-37

8.2　图表编辑

图表编辑功能为用户提供丰富的选项和工具来创建和自定义图表。通过灵活运用这些功能，用户可以创造出既美观又实用的图表作品，从而有效地传达数据和信息。

8.2.1　图表选项

在图表选项中可以更改图表的类型，并对图表的样式、选项及坐标轴等进行设置。执行"对象"|"图表"|"类型"命令，或右击图表，在弹出的快捷菜单中执行"类型"命令，即可弹出"图表类型"对话框，如图8-38所示。

1. 类型

● **图表类型**：单击目标图表类型按钮，再单击"确定"按钮，即可将选择的图表更改为指定的图表类型。

● **数值轴**：除了饼图外，其他类型的图表都有一条数值坐

图 8-38

标轴。在该选项卜拉列表中包括"位于左侧""位于右侧"和"位于两侧"3个选项，分别用于指定图表中坐标轴的位置。选择不同的图表类型，其"数值轴"中的选项也不完全相同。

2. 样式

- **添加投影：**勾选该复选框后将在图表中添加阴影效果，增强图表的视觉效果。
- **在顶部添加图例：**勾选该复选框后图例将显示在图表的上方。
- **第一行在前：**勾选该复选框后图表数据输入框中第一行的数据所代表的图表元素在前面。
- **第一列在前：**勾选该复选框后图表数据输入框中第一列的数据所代表的图表元素在前面。

3. 选项

除了面积图外，其他类型的图表都有一些附加选项可以选择。不同类型的图表附加选项也会有所不同。柱形图、堆积柱形图中"选项"为"列宽"和"簇宽度"，如图8-39所示。条形图、堆积条形图"选项"为"条形宽度"和"簇宽度"，如图8-40所示。

图 8-39

图 8-40

知识点拨

大于100%的数值会导致柱形、条形或簇相互重叠。小于100%的数值会在柱形、条形或簇之间保留空间。等于100%会使柱形、条形或簇相互对齐。

折线图、雷达图等的"选项"选项卡如图8-41所示，各选项功能如下。

- **标记数据点：**勾选该复选框，将在每个数据点上放置方形标记。
- **连接数据点：**勾选该复选框，将在每组数据点之间进行连线。
- **线段边到边跨X轴：**勾选该复选框，将绘制观察水平坐标轴的线段。散点图没有该选项。
- **绘制填充线：**勾选该复选框，将激活"线宽"文本框。用户可以根据"线宽"文本框中输入的值创建更宽的线段，并且"绘制填充线"还会根据该系列数据的规范来确定用何种颜色填充线段。只有勾选"连接数据点"复选框时，该选项才有效。

饼图"选项"的选项卡如图8-42所示，各选项功能如下。

图 8-41

图 8-42

（1）图例。

"图例"选项用于设置图例位置，包括"无图例""标准图例"和"楔形图例"3个选项。

- **无图例：**将完全忽略图例。
- **标准图例：**将在图表外侧放置列标签，默认为该选项。将饼图与其他种类的图表组合显示时选择该选项。
- **楔形图例：**把标签插入相应的楔形中。

（2）排序。

"排序"选项用于设置楔形的排序方式，包括"全部""第一个"和"无"3个选项。

- **全部：** 在饼图顶部按顺时针方向，从最大值到最小值对所选饼图的楔形进行排序。
- **第一个：** 对所选饼图的楔形进行排序，以便将第一张饼图中的最大值放置在第一个楔形中，其他按从大到小的顺序排放。其他图表将遵循第一张图表中楔形的顺序。
- **无：** 从图表顶部按顺时针方向输入值的顺序，将所选饼图的楔形排序。

（3）位置。

"位置"选项用于设置多张饼图的显示方式，包括"比例""相等"和"堆积"3个选项。

- **比例：** 按比例调整图表的大小。
- **相等：** 可让所有饼图有相同的直径。
- **堆积：** 相互堆积每张饼图，每张图表按相互比例调整大小。

动手练 成绩分析表

素材位置：本书实例\第8章\动手练\学生成绩分析表\成绩分析.ai

本练习介绍如何制作成绩分析图表，主要用到的工具有柱形图工具、编组选择工具、图表选项、拾色器以及文字工具等。具体操作过程如下。

步骤 01 选择"柱形图工具"，拖动鼠标绘制图表，如图8-43所示。

步骤 02 在图表数据输入框中输入参数，如图8-44所示。

步骤 03 单击"单元格样式"按钮，在弹出的"单元格样式"对话框中设置参数，如图8-45所示。

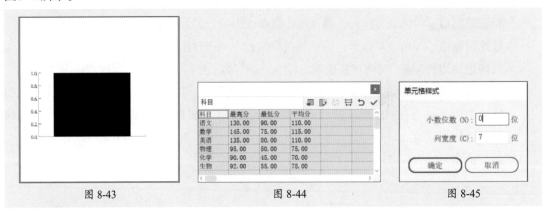

| 图 8-43 | 图 8-44 | 图 8-45 |

步骤 04 单击"确定"按钮，效果如图8-46所示。单击"应用"按钮，效果如图8-47所示。

步骤 05 选中图表，在"字符"面板中设置参数（思源黑体、Regular、16pt），单击"确定"按钮，效果如图8-48所示。

步骤 06 使用"编组选择工具"框选所有的矩形，设置描边为无，效果如图8-49所示。

步骤 07 在黑色数据组上单击三次，选中所有黑色数据，更改填充颜色（#FABE00），效果如图8-50所示。

步骤 08 使用相同的方法更改数据组颜色（#74C6BE、#B70E5E），效果如图8-51所示。

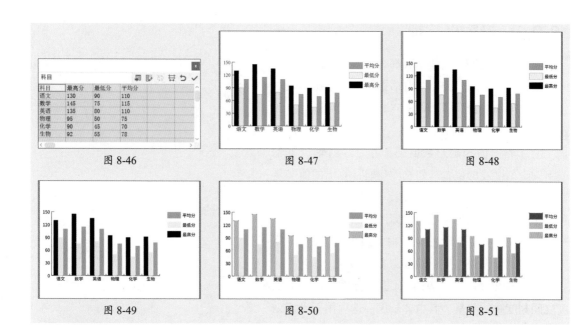

图 8-46　　　　　　　　　　　图 8-47　　　　　　　　　　　图 8-48

图 8-49　　　　　　　　　　　图 8-50　　　　　　　　　　　图 8-51

步骤 09 执行"对象"|"图表"|"类型"命令，在弹出的"图表类型"对话框中设置参数，如图8-52所示。单击"确定"按钮，效果如图8-53所示。

步骤 10 双击数据点，更改填充颜色与描边，效果如图8-54所示。

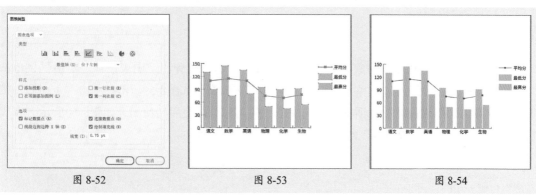

图 8-52　　　　　　　　　　　图 8-53　　　　　　　　　　　图 8-54

步骤 11 框选图例，缩放至80%，整体调整显示，效果如图8-55所示。

步骤 12 取消分组后选中折线置于顶层，效果如图8-56所示。

步骤 13 选择"文字工具"输入文字，效果如图8-57所示。

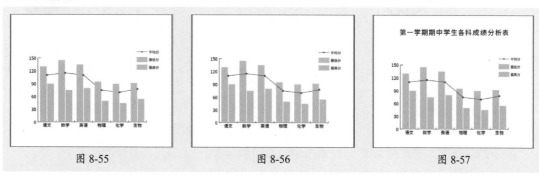

图 8-55　　　　　　　　　　　图 8-56　　　　　　　　　　　图 8-57

至此，完成成绩表的制作。

8.2.2 设置坐标轴

除了饼图之外，其他图表都有显示图表测量单位的数值轴。在"图表类型"对话框顶部的下拉列表中选择"数值轴"选项，如图8-58所示。该对话框中各选项组含义如下。

图 8-58

（1）刻度值。确定数值轴、左轴、右轴、下轴或上轴上刻度线的位置。勾选"忽略计算出的值"复选框时，将激活下方的3个数值，其中，"最小值"选项用于设置坐标轴的起始值，即图表原点的坐标值；"最大值"选项用于设置坐标轴的最大刻度值；"刻度"选项用于设置将坐标轴分为多少部分。

（2）刻度线。用于确定刻度线的长度和每个刻度之间刻度线的数量。其中"长度"选项用于确定刻度线长度，包括3个选项，"无"选项表示不使用刻度标记，"短"选项表示使用短的刻度标记，"全宽"选项表示刻度线将贯穿整个图表；"绘制"选项表示相邻两个刻度间的刻度标记条数。

（3）添加标签。确定数值轴、左轴、右轴、下轴或上轴上数字的前缀和后缀。其中"前缀"选项是在数值前加符号；"后缀"选项是在数值后加符号。

8.2.3 图表设计

选中图形对象，执行"对象"|"图表"|"设计"命令，弹出"图表设计"对话框，单击"新建设计"按钮，即可将选中的图形对象新建为图表图案，如图8-59所示。单击"重命名"按钮，可以弹出"图表设计"对话框设置选中图案的名称，以便后期使用，如图8-60所示。完成后单击"确定"按钮，效果如图8-61所示。

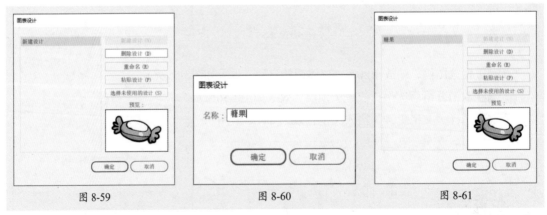

图 8-59　　　　　　　　图 8-60　　　　　　　　图 8-61

若要为图表应用此设计，需选中图表，如图8-62所示，执行"对象"|"图表"|"柱形图"命令，弹出"图表列"对话框，如图8-63所示。默认参数应用效果如图8-64所示。

除了默认选项，在"列类型"选项中还可以选择不同的显示方式，具体功能如下。

- **垂直缩放：**在垂直方向进行伸展或压缩，且不改变宽度。
- **一致缩放：**在水平和垂直方向同时缩放。

- **重复堆叠：**选择该选项将堆积设计以柱形填充。可以在"每个设计表示"选项指定每个设计表示的值，在"对于分数"中设置是否要截断或缩放表示分数的设计，如图8-65所示。当设置为50个单位，截断效果如图8-66所示，缩放效果如图8-67所示。
- **局部缩放：**类似于垂直缩放设计，但可以在设计中指定伸展或压缩的位置。

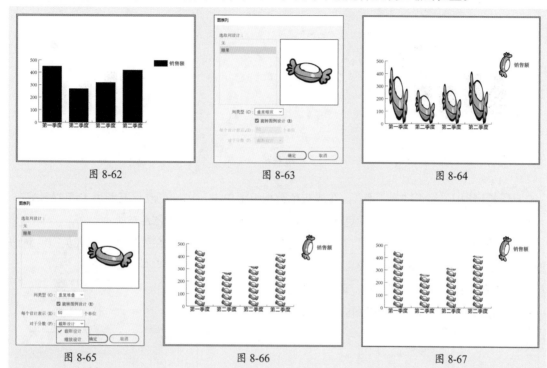

图 8-62　　　　　　　　图 8-63　　　　　　　　图 8-64

图 8-65　　　　　　　　图 8-66　　　　　　　　图 8-67

8.3) 案例实战：销售收入与成本堆积柱形图

📖 **素材位置：本书实例\第8章\案例实战\销售收入与成本堆积柱形图\堆积柱形图.ai**

本练习介绍如何制作销售收入与成本的堆积柱形图，主要用到的工具有堆积柱形图工具、编组选择工具等。具体操作过程如下。

步骤 01 选择"堆积柱形图工具"，拖动鼠标绘制图表，如图8-68所示。

步骤 02 在图表数据输入框中输入数据，如图8-69所示。效果如图8-70所示。

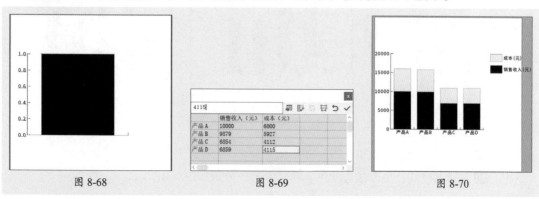

图 8-68　　　　　　　　图 8-69　　　　　　　　图 8-70

步骤 03 选择图例，缩放至80%，使用"编组选择工具"调整显示，效果如图8-71所示。

步骤 04 右击，在弹出的快捷菜单中执行"类型"命令，在"图表类型"对话框中设置参数，如图8-72所示。框选图例中的文字部分，向左调整，效果如图8-73所示。

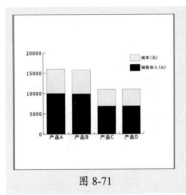

图 8-71

图 8-72

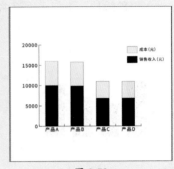

图 8-73

步骤 05 使用"编组选择工具"，在浅灰色数据组上单击三次，更改填充颜色（#F4ABAC）与描边，效果如图8-74所示。继续更改颜色（#00A0E9）与描边，如图8-75所示。

步骤 06 选中图表，在"属性"面板中单击"图表类型"按钮，在弹出的"图表类型"对话框中设置参数，如图8-76所示。效果如图8-77所示。

步骤 07 全选后多次取消编组，调整图例显示，效果如图8-78所示。

步骤 08 缩放至60%，效果如图8-79所示。

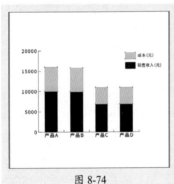

图 8-74

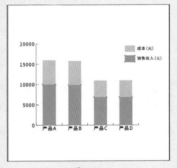

图 8-75

图 8-76

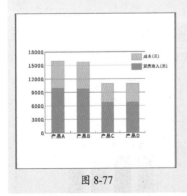

图 8-77

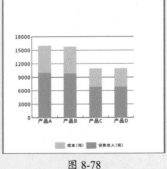

图 8-78

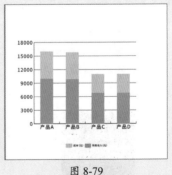

图 8-79

步骤 09 删除部分路径，效果如图8-80所示。

步骤 10 框选刻度线，更改描边颜色（#898989），效果如图8-81所示。

步骤11 执行"选择"|"对象"|"所有文本对象"命令更改文字颜色（#898989），效果如图8-82所示。

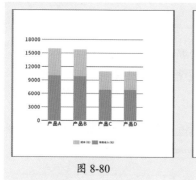

图 8-80

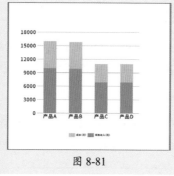

图 8-81

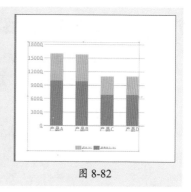

图 8-82

步骤12 按住Shift键，单击图例中的文字以取消选择，在"字符"面板中设置参数，如图8-83所示。效果如图8-84所示。

步骤13 按住Alt键，移动并复制"1000"，更改字号（12pt）与颜色（#3E3A39），效果如图8-85所示。

图 8-83

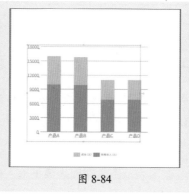

图 8-84

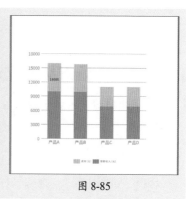

图 8-85

步骤14 按住Alt键移动并复制多次，分别更改文字内容，效果如图8-86所示。

步骤15 分别输入文字，效果如图8-87所示。

步骤16 分别创建组，水平居中对齐，整体编组垂直居中对齐，效果如图8-88所示。

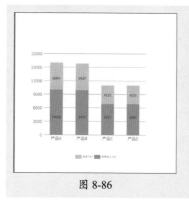

图 8-86

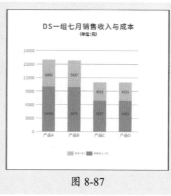

图 8-87

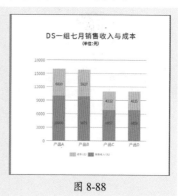

图 8-88

至此，完成销售收入与成本堆积柱形图的制作。

8.4 拓展练习

▌练习1　成绩变化折线图

📚 **素材位置：本书实例\第8章\拓展练习\成绩变化折线图\折线图.ai**

下面练习利用折线图工具、直接选择工具和文字工具制作成绩变化折线图。

📈 **制作思路**

选择"折线图工具"，拖动鼠标绘制图表范围，在图表数据输入框中输入数据，如图8-89所示。调整文字大小，效果如图8-90所示。添加标题文字，效果如图8-91所示。

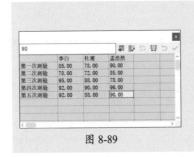
图 8-89

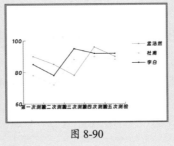
图 8-90

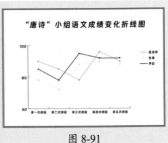
图 8-91

▌练习2　市场份额占比饼图

📚 **素材位置：本书实例\第8章\拓展练习\市场份额占比饼图\饼图.ai**

下面练习利用饼图工具、编组选择工具，使用变换命令制作市场份额占比的饼图效果。

📈 **制作思路**

选择"饼图工具"，拖动鼠标绘制图表范围，在图表数据输入框中输入数据，效果如图8-92所示。更改饼图颜色，调整图例比例为70%，效果如图8-93所示。调整第一季度饼图图例比例为120%，添加备注及标题文字，效果如图8-94所示。

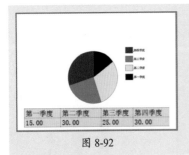
图 8-92

图 8-93

图 8-94

第 9 章
符号的创意设计与优化

在Illustrator中，符号功能不仅可提高设计效率和一致性，还能增强设计的灵活性和可管理性。本章对"符号"面板、符号库、符号的创建、符号的重新定义与变换及调整符号对象的效果进行讲解。

"符号"面板与"符号库"共同为设计师提供高效、灵活且一致的设计工作流程，不仅能提升设计效率，还有助于维护设计的一致性和专业性。

9.1.1 "符号"面板

"符号"面板是Illustrator中的一个核心功能面板，它允许设计师将文档中的图形元素，如形状、路径、文本、网格对象、光栅图像等转换为可重复使用的符号。

执行"窗口"|"符号"命令，打开"符号"面板，如图9-1所示。应用并选中符号后，激活面板中的全部按钮，如图9-2所示。

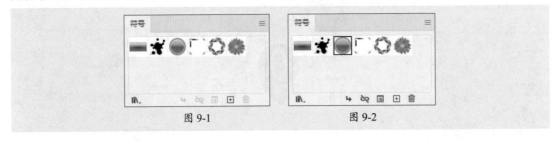

图 9-1　　　　　　　　图 9-2

该面板中各按钮的含义如下。

- **符号库菜单**▥：单击该按钮可选择符号库里的符号样本。
- **置入符号实例**↳：选择一种符号后，单击该按钮可将选定的符号置入绘图区。
- **断开符号链接**✎：单击该按钮可取消符号样本的群组，以便对原符号样本进行修改。
- **符号选项**▤：单击该按钮，可以方便地将已应用到页面中的符号样本替换为其他符号样本。
- **新建符号**⊞：单击该按钮可将选择的图形定义添加为符号样本。
- **删除符号**🗑：单击该按钮可删除所选取的符号样本。

9.1.2 添加图形至"符号"面板

将绘制的图形添加至"符号"面板是一种常见的操作，可以方便地重用和管理图形元素。使用绘图工具绘制图形并选中，如图9-3所示。在"符号"面板中单击"新建符号"按钮，如图9-4所示。弹出"符号选项"对话框，如图9-5所示。

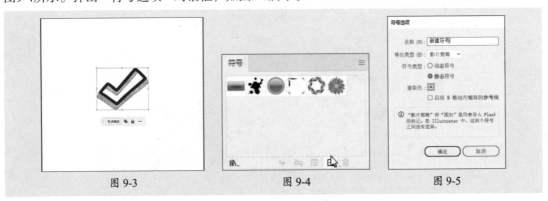

图 9-3　　　　　　　图 9-4　　　　　　　图 9-5

在"符号选项"对话框中各选项的含义如下。

- **名称：**设置新符号的名称。
- **导出类型：**包括"影片剪辑"和"图形"两种类型，默认为"影片剪辑"。
- **符号类型：**包括"静态符号"和"动态符号"两种类型。
- **套版色：**设置符号锚点的位置。锚点位置影响符号在屏幕坐标中的位置。

设置完成后单击"确定"按钮，如图9-6所示，在"符号"面板中便新增了一个符号样本，如图9-7所示。此时，画板中的图形转换为符号实例，如图9-8所示。

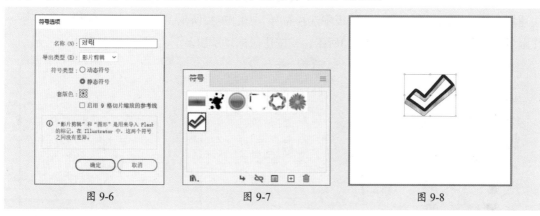

| 图 9-6 | 图 9-7 | 图 9-8 |

知识点拨

位图也可以被定义为符号。置入图像后，在控制栏中单击"置入"按钮，在"符号"面板中单击"新建符号"按钮，在弹出"符号选项"对话框中设置参数，设置完成后便转换为符号实例。

9.1.3 符号库

符号库是预设符号的集合，它包含多种常用的图形元素和设计资源。通过符号库，设计师可以快速访问和使用这些预设符号，以节省设计和制作时间。

在"符号"面板中单击"符号库菜单"按钮 ，弹出如图9-9所示的菜单。在菜单中任选一个选项，即可弹出相应选项的面板。例如，执行"徽标元素"命令，打开如图9-10所示的"徽标元素"面板，从中选择一个符号样本，"符号"面板随机添加此符号样本，如图9-11所示。

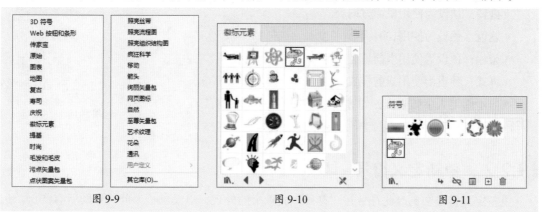

| 图 9-9 | 图 9-10 | 图 9-11 |

9.2 符号对象的创建与编辑

符号对象的创建与编辑是一项高效且强大的功能，它允许设计师创建可复用的图形元素，并通过简单的操作在设计中多次使用这些元素，同时保持设计的一致性和专业性。

9.2.1　创建符号对象

符号喷枪工具是一种独特且强大的工具，它允许设计师以类似喷枪喷洒的方式，在画布上快速散布符号实例。在"符号"面板中选择符号，如图9-12所示，选择"符号喷枪工具" ，在画板上单击可添加符号，如图9-13所示，或按住鼠标以添加多个实例，效果如图9-14所示。

图 9-12

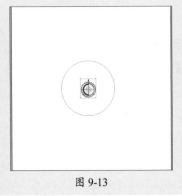
图 9-13

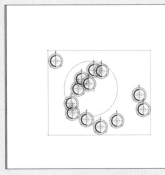
图 9-14

双击"符号喷枪工具" ，弹出"符号工具选项"对话框，如图9-15所示。该对话框中各选项的功能如下。

- **直径：**设置画笔的直径，即选取符号工具后光标的形状与大小。
- **强度：**设置拖动光标时符号图形随光标变化的速度，数值越大，被操作的符号图形变化得越快。
- **符号组密度：**设置符号集合中包含符号图形的密度，数值越大，符号集合包含的符号图形数目越多。
- **紧缩：**预设为基于原始符号大小。
- **大小：**预设为使用原始符号大小。
- **旋转：**预设为使用鼠标方向。
- **滤色：**预设为使用100%不透明度。
- **染色：**预设为使用当前填充颜色和完整色调量。
- **样式：**预设为使用当前样式。
- **显示画笔大小和强度：**勾选该复选框，在使用符号工具时可以看到画笔，不勾选此复选框则隐藏画笔。

图 9-15

9.2.2　重新定义符号

重新定义符号会更改此符号在"符号"面板中的外观，以及画板上此符号的所有实例。选择要编辑的符号实例，可以通过以下方式进入隔离模式进行重新定义。

Illustrator图形创意设计与制作（AIGC全彩微课版）

- 在"符号"面板中双击符号实例。
- 在画板上选择符号实例双击。
- 在控制栏中单击"编辑符号"按钮。

在控制栏中单击"编辑符号"按钮 编辑符号 ，进入隔离模式，如图9-16所示。在隔离模式中，可以单独编辑符号的图形、颜色、大小等属性。图9-17所示为更新颜色效果。在任意位置单击或按Esc键可退出隔离模式，所有实例应用该效果，如图9-18所示。

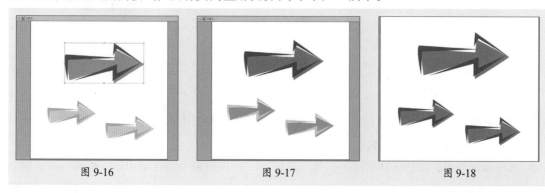

图 9-16　　　　　　　　　　图 9-17　　　　　　　　　　图 9-18

知识点拨

　　在进入隔离模式前会弹出提示框，单击"确定"按钮即可，如图9-19所示。

图 9-19

9.2.3　变换和修改符号实例

如果要对某个符号实例进行个性化编辑，且不影响其他所有实例，可以在断开符号链接后进行变换和样式的修改。选择要编辑的符号实例，如图9-20所示。在控制栏中单击"断开链接"按钮 断开链接 ，单击"断开符号链接"按钮 🔗 ，符号实例成为一个独立的、非关联的对象，如图9-21所示。可以进行自由编辑，如图9-22所示。修改后的内容不会反映到其他符号实例上。

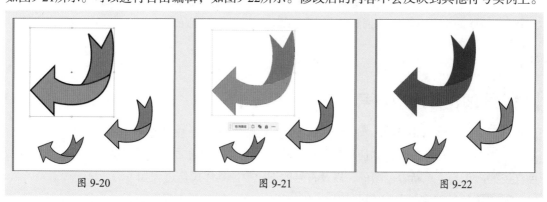

图 9-20　　　　　　　　　　图 9-21　　　　　　　　　　图 9-22

断开链接的符号呈编组状态，在上下文任务栏中单击"取消编组"按钮 取消编组 ，如图9-23所示。取消编组后，便可以对该符号进行移动、旋转、描边及变形等操作，如图9-24和图9-25所示。

第9章　符号的创意设计与优化

165

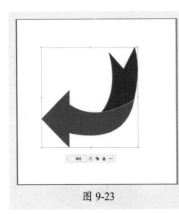

图 9-23   图 9-24   图 9-25

扩展符号实例意味着将其从符号状态转换为普通的矢量图形对象集合，可以对每一个组成元素进行详细的路径编辑。执行扩展操作后，原有的符号实例不再受符号定义的影响，也不再自动跟随符号基础的更新而变化。

选中符号对象，如图9-26所示。执行"对象"|"扩展"命令，在弹出的"扩展"对话框中选择扩展的内容，如图9-27所示，单击"确定"按钮完成操作。扩展后的符号对象变为可编辑的图形对象，如图9-28所示。

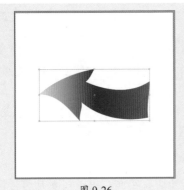

图 9-26   图 9-27   图 9-28

知识点拨

断开符号链接是为了让符号实例脱离原始符号的控制，以便独立编辑而不影响其他实例；扩展则是将符号实例彻底转变为普通图形，从而可以对其进行路径级别的详细编辑，同时彻底结束与原始符号之间的联系。

动手练 创建并应用符号

📖 **素材位置：本书实例\第9章\动手练\创建并应用符号\符号.ai**

本练习介绍如何创建并应用符号，主要涉及符号库、符号喷枪工具、比例缩放工具、重新着色图稿，以及符号的创建等。具体操作过程如下。

步骤 01 执行"窗口"|"符号库"|"庆祝"命令，打开"庆祝"面板，选择"蝴蝶结"符号实例，如图9-29所示。

步骤 02 使用"符号喷枪工具"在画板上单击以添加符号，如图9-30所示。

步骤 03 在控制栏中单击"断开链接"按钮 断开链接，效果如图9-31所示。

| 图 9-29 | 图 9-30 | 图 9-31 |

步骤 04 双击"比例缩放工具"，在弹出的"比例缩放"对话框中设置参数，如图9-32所示。应用效果如图9-33所示。

步骤 05 在控制栏中单击"重新着色图稿"按钮，弹出如图9-34所示的对话框，调整颜色，如图9-35所示。

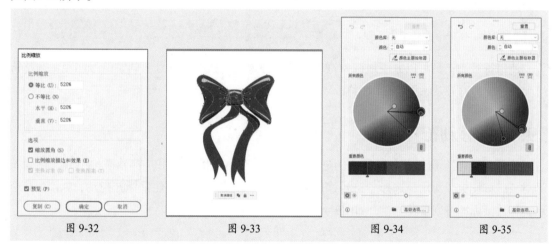

| 图 9-32 | 图 9-33 | 图 9-34 | 图 9-35 |

步骤 06 调整后效果如图9-36所示。缩放为20%，效果如图9-37所示。

步骤 07 在"符号"面板中单击"新建符号"按钮 ，在弹出的"符号选项"对话框中设置参数，如图9-38所示。

| 图 9-36 | 图 9-37 | 图 9-38 |

步骤 08 此时，"符号"面板中将出现该符号，如图9-39所示。双击"符号喷枪工具" ，在弹出的"符号工具选项"对话框中设置参数，如图9-40所示。

步骤 09 使用"符号喷枪工具"分别在不同的位置单击并应用，使用"符号移位器工具" 调整显示，最终效果如图9-41所示。

图 9-39　　　　　　　　　　图 9-40　　　　　　　　　　图 9-41

至此，完成符号的创建与应用。

9.3　调整符号对象效果

使用符号类工具可以方便地调整符号对象的外观，包括移动符号、调整符号间距、调整符号大小、旋转符号及添加符号样式等。

9.3.1　移动符号

符号移位器工具可以对符号实例进行精确的移动和调整。使用"符号喷枪工具"创建符号对象，如图9-42所示，选择"符号移位器工具" ，在符号上按住鼠标并拖动，如图9-43所示，释放鼠标即可调整其位置，如图9-44所示。

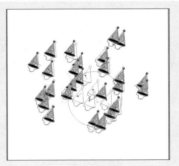

图 9-42　　　　　　　　　　图 9-43　　　　　　　　　　图 9-44

符号移位器工具除了可以移动符号，还可以调整其堆叠顺序。添加符号对象，如图9-45所示。选择"符号移位器工具" ，按住Shift+Alt组合键并单击符号实例可调整其堆叠顺序，如图9-46所示。

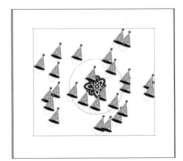

图 9-45　　　　　　　　　　图 9-46

▌9.3.2 调整符号间距

使用符号紧缩器工具可调整符号分布的间距。选中符号对象，选择"符号紧缩器工具"，在符号上按住鼠标拖动，可使符号间距缩短，如图9-47所示；按住Alt键的同时按住鼠标拖动，可使符号间距增大，如图9-48所示。

图 9-47　　　　　　　　　图 9-48

▌9.3.3 调整符号大小

使用符号缩放器工具可调整符号大小。选中符号对象，选择"符号缩放器工具"，在符号上单击或按住鼠标拖动，可使部分符号增大，如图9-49所示；按住Alt键的同时按住鼠标拖动，可使部分符号变小，如图9-50所示。

图 9-49　　　　　　　　　图 9-50

▌9.3.4 旋转符号

使用符号旋转器工具可旋转符号。选中符号对象，选择"符号旋转器工具"，在符号上单击或按住鼠标拖动至希望符号实例朝向的方向，如图9-51所示，释放鼠标即可应用旋转效果，如图9-52所示。

图 9-51　　　　　　　　　图 9-52

▌9.3.5 调整符号颜色

使用符号着色器工具可调整符号的颜色。在控制栏或工具箱中设置颜色，如图9-53所示，选中符号对象，选择"符号着色器工具"，在符号上单击即可调整符号颜色，涂抹次数越多，上色量也会逐渐增加，如图9-54所示。按住Alt键单击或拖动以减少着色量并显示更多原始符号颜色，如图9-55所示。

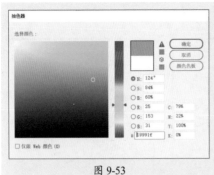

| 图 9-53 | 图 9-54 | 图 9-55 |

9.3.6 调整符号透明度

使用符号滤色器工具可调整符号的透明度。选中符号对象，选择"符号滤色器工具" ，在符号上单击或按住鼠标拖动，可使其变为半透明效果，涂抹次数越多，图形越透明，如图9-56所示；按住Alt键的同时按住鼠标拖动，可使其变得不透明，如图9-57所示。

| 图 9-56 | 图 9-57 |

动手练 **墨香文饰**

📖 **素材位置：** 本书实例\第9章\动手练\墨香文饰\水墨.ai

本练习介绍如何使用符号装饰书法文字，主要涉及符号库、符号喷枪工具、符号滤色器工具、剪贴蒙版，以及不透明度的设置。具体操作过程如下。

步骤 01 执行"窗口"|"符号库"|"污点矢量包"命令，打开"污点矢量包"面板，选择"污点矢量包 11"符号实例，如图9-58所示。

步骤 02 使用"符号喷枪工具"在画板上单击来添加符号，如图9-59所示。

步骤 03 使用"符号滤色器工具"在符号上单击或按住鼠标拖动，效果如图9-60所示。

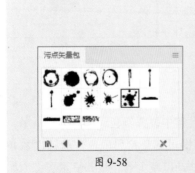
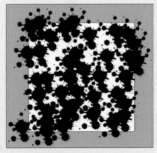
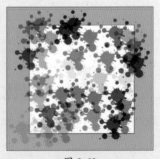

| 图 9-58 | 图 9-59 | 图 9-60 |

步骤 04 选择"矩形工具"绘制和文档等大的矩形，如图9-61所示。按Ctrl+A组合键将符号全部选中，右击，在弹出的快捷菜单中执行"建立剪贴蒙版"命令，效果如图9-62所示。

Illustrator图形创意设计与制作（AIGC全彩微课版）

步骤05 选择"文字工具"输入文字，在"字符"面板中设置参数，如图9-63所示。

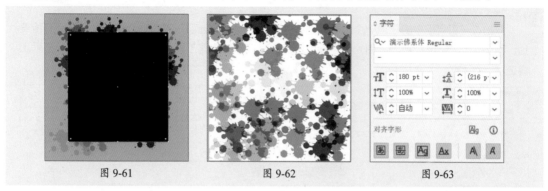

图 9-61   图 9-62   图 9-63

步骤06 将符号居中对齐，效果如图9-64所示。选择"画板工具"调整画板大小，效果如图9-65所示。

步骤07 调整剪贴蒙版的高度，调整"不透明度"为80%，最终效果如图9-66所示。

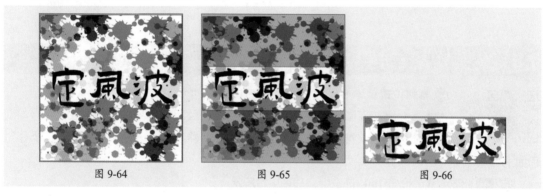

图 9-64   图 9-65   图 9-66

至此，完成墨香文饰的制作。

9.3.7 添加符号样式

使用符号样式器工具配合"图形样式"面板，可在符号上添加或删除图形样式。执行"窗口"|"图形样式库"|"霓虹效果"命令，在打开的"霓虹效果"面板中选择目标图形样式，如图9-67所示。选中符号，选择"符号样式器工具" <kbd>📷</kbd>，在符号上单击或按住鼠标拖动，即可在原符号基础上添加图形样式，如图9-68所示；按住Alt键的同时按住鼠标拖动，可将添加的图层样式清除，如图9-69所示。

图 9-67   图 9-68   图 9-69

双击符号工具组中的任意一个工具，都会弹出"符号工具选项"对话框，每一个工具会有所差别。图9-70～图9-72所示分别为符号移位器工具、符号缩放器工具、符号样式器工具的"符号工具选项"对话框。

图 9-70　　　　　　　　　　　图 9-71　　　　　　　　　　　图 9-72

9.4 案例实战：符号拼贴背景

📖 **素材位置：本书实例\第9章\案例实战\符号拼贴背景\拼贴.ai**

本练习介绍如何制作符号拼贴背景，主要涉及图像描摹、比例缩放、符号的新建、符号喷枪工具、符号移位器工具、符号旋转器工具、剪贴蒙版等。具体操作过程如下。

步骤 01 将素材缩小放至Illustrator中，如图9-73所示。

步骤 02 在"图像描摹"面板中设置描摹预设为"高保真度描摹"，效果如图9-74所示。

步骤 03 单击"扩展"按钮，效果如图9-75所示。

图 9-73　　　　　　　　　　　图 9-74　　　　　　　　　　　图 9-75

步骤 04 取消编组后删除背景，效果如图9-76所示。

步骤 05 按Ctrl+A组合键全选，编组后缩放为50%，效果如图9-77所示。

步骤 06 在"符号"面板中单击"新建符号"按钮，在弹出的"符号选项"对话框中设置参数，如图9-78所示。

| 图 9-76 | 图 9-77 | 图 9-78 |

步骤 07 删除符号后，双击"符号喷枪工具" ，在弹出的"符号工具选项"对话框中设置参数，如图9-79所示。

步骤 08 使用"符号喷枪工具"拖动鼠标进行绘制，效果如图9-80所示。

步骤 09 选中符号实例，使用"符号旋转器工具"调整部分符号的方向，效果如图9-81所示。

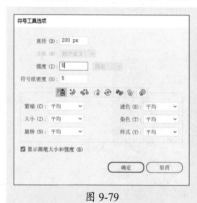

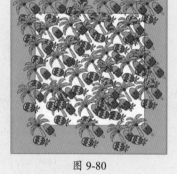

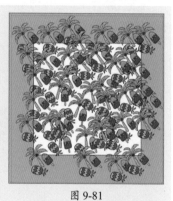

| 图 9-79 | 图 9-80 | 图 9-81 |

步骤 10 使用"符号缩放器工具"选择部分符号实例，长按鼠标调整其大小，效果如图9-82所示。

步骤 11 使用"符号移位器工具"拖动鼠标进行调整，效果如图9-83所示。

步骤 12 使用"符号旋转器工具"和"符号移位器工具"继续调整，效果如图9-84所示。

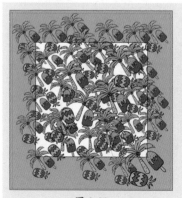

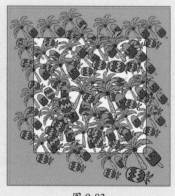

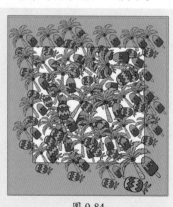

| 图 9-82 | 图 9-83 | 图 9-84 |

步骤 13 选择"矩形工具"绘制与文档等大的矩形，如图9-85所示。

步骤 14 按Ctrl+A组合键全选所有符号，右击，在弹出的快捷菜单中执行"建立剪贴蒙版"命令，效果如图9-86所示。

图 9-85 图 9-86

步骤 15 继续绘制与文档等大的矩形，置于底层，如图9-87所示。

步骤 16 在工具栏中双击"填色"按钮，在弹出的"拾色器"对话框中设置颜色（#EFE8D8），效果如图9-88所示。

图 9-87 图 9-88

步骤 17 选择符号组后双击"符号喷枪工具"，弹出如图9-89所示的"符号工具选项"对话框。

步骤 18 使用"符号喷枪工具"在空白位置单击进行绘制，最终效果如图9-90所示。

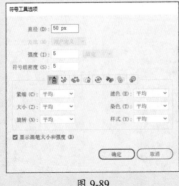

图 9-89 图 9-90

至此，完成符号拼贴背景的制作。

Illustrator 图形创意设计与制作（AIGC全彩微课版）

9.5 拓展练习

练习1 水墨背景

📖 **素材位置：本书实例\第9章\拓展练习\水墨背景\背景.ai**

下面练习利用符号库、"符号"面板、符号喷枪工具、符号滤色器工具，以及剪贴蒙版制作水墨背景效果。

📈 制作思路

在"符号库"中找到"污点矢量包15"，使用"符号喷枪工具"创建符号，效果如图9-91所示。选择"矩形工具"绘制和文档等大的矩形，如图9-92所示。全选后创建剪贴蒙版，使用"符号滤色器工具"调整符号的不透明度，效果如图9-93所示。

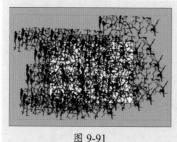
图 9-91

图 9-92

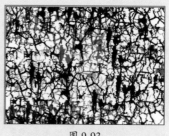
图 9-93

练习2 创建并更改动态符号

📖 **素材位置：本书实例\第9章\拓展练习\创建并更改动态符号\动态符号.ai**

下面练习利用描摹图像、"符号"面板、新建符号、符号喷枪工具创建并更改动态符号。

📈 制作思路

置入素材并描摹图像，按住Alt键移动并复制，调整为不同的大小，如图9-94所示。在"符号"面板中新建符号，在"符号选项"对话框中设置参数，如图9-95所示。使用"符号喷枪工具"创建符号，编辑原始符号后，所有实例将同步更新，效果如图9-96所示。

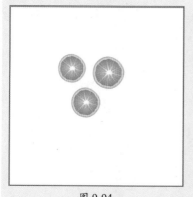
图 9-94

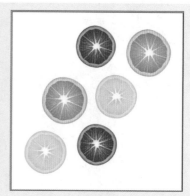
图 9-96

第10章
视觉效果的深度解析

在Illustrator中，效果、图形样式和外观共同构成强大的图形设计和编辑工具集，帮助设计师实现高效、一致和富有创意的图形设计。本章对Illustrator效果、Photoshop效果、外观属性及图形样式的使用方法进行讲解。

Illustrator效果

在Illustrator中，通过"效果"菜单中的Illustrator效果，设计师可以轻松地对图形、图像和文本进行创意性的转换和增强。这些功能不仅能丰富设计的表现力，还能提高设计的灵活性和效率。

10.1.1　3D和材质

在Illustrator中，3D和材质效果可以将3D效果、光照和材质应用到2D矢量图形，并在不同的光照方案下展示逼真的纹理，是提升设计作品立体感和真实感的重要工具。

1."3D和材质"面板

选择目标对象，执行"效果"|"3D和材质"|"凸出和斜角/绕转/膨胀/旋转/材质"命令，均可打开"3D和材质"面板。

（1）对象。在"对象"选项卡中，可以选择"3D类型"，并设置"深度""斜角""旋转"等参数，如图10-1所示。该选项卡中各选项功能如下。

- **平面**：将对象拼合到平面上。
- **凸出**：扩展2D对象以添加深度。
- **绕转**：按圆周方向旋转路径或配置文件。
- **膨胀**：膨胀扁平的对象。
- **深度**：设置对象的深度，范围为0～2000。
- **扭转**：将对象扭转360°。
- **锥度**：将对象从100%逐渐缩减到1%。
- **端点**：指定对象显示为实心 还是空心 。
- **斜角**：沿对象的深度应用有斜角的边缘。
- **预设**：根据方向、轴和等角应用旋转预设。
- **垂直旋转（X）**：在垂直方向上旋转对象，范围为-180°～180°。
- **水平旋转（Y）**：在水平方向上旋转对象，范围为-180°～180°。
- **圆形旋转（Z）**：在圆形方向上旋转对象，范围为-180°～180°。
- **透视**：将对象的透视角从0°更改为160°。
- **展开为线框**：转换为线框效果。

图 10-1

- **导出3D对象**：单击该按钮，打开"资源导出"面板，生成资源，可以导出GLTF、USD及OBJ的格式文件。

（2）材质。在"材质"选项卡中可对材质和图形以及其属性进行设置，图10-2所示为材质选项，图10-3所示为图形选项。该选项卡中各选项功能如下。

- **基础材质**：应用默认预设材质。
- **Adobe Substance材质**：应用Adobe Substance材质。
- **添加新材质和图形**：添加材质、单个图形或多个图形到面板中。
- **删除**：删除材质和图形。

- **材质属性**：对基本材质应用粗糙度和金属质感属性，属性范围为0～1。

（3）光照。在"光照"选项卡中可以选择预设光照效果，并设置"强度""颜色""高度"等参数，如图10-4所示。该选项卡中各选项功能如下。

- **预设**：将预先配置的光照效果（例如标准、扩散、左上或右下）快速应用到图稿中。
- **颜色**：更改光照颜色。
- **强度**：更改所选光源的亮度为0%～100%。
- **旋转**：使用-180°～180°的值旋转对象周围的光线焦点。
- **高度**：如果光线较低使产生的阴影较短，可将光线靠近对象，反之亦然，其范围均为0°～90°。
- **软化度**：确定光线的扩散程度。使用0%～100%的值覆盖扩散预设。
- **环境光强度**：控制全局光线强度，范围为0%～200%。
- **暗调**：在切换按钮开启时添加阴影。
- **位置**：将阴影应用于"对象背面"或"对象下方"。
- **到对象的距离**：调整阴影到对象的距离，范围为0%～100%。
- **阴影边界**：使用10%～400%的值应用阴影的边界。

使用"矩形工具"绘制矩形后，图10-5所示为图10-2～图10-4中所示参数应用后的效果。

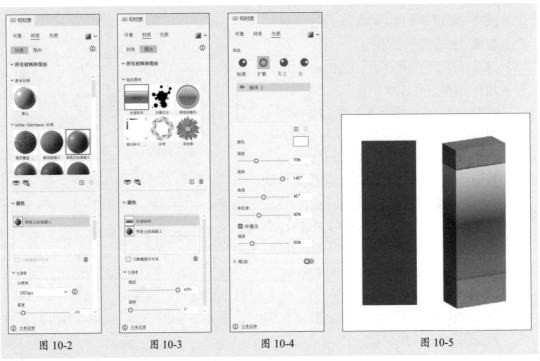

图 10-2　　　　　图 10-3　　　　　图 10-4　　　　　图 10-5

2. 3D（经典）

3D效果可以为对象添加立体效果，可以通过高光、阴影、旋转及其他属性控制3D对象的外观，还可以在3D对象的表面添加贴图效果。常用的3D效果包括"凸出和斜角""绕转"和"旋转"3种。

（1）凸出和斜角。凸出和斜角可以沿对象的Z轴凸出拉伸一个2D对象，增加对象深度，制作出立体效果。选择目标对象，执行"效果"|"3D和材质"|"3D（经典）"|"凸出和斜角

（经典）"命令，弹出"3D凸出和斜角选项（经典）"对
话框，如图10-6所示。

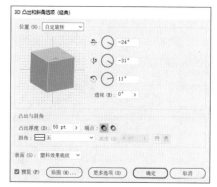

图 10-6

该对话框中部分常用选项功能如下。

- **位置：** 设置对象如何旋转和观看对象的透视角度。可以在下拉列表中选择预设的位置选项，也可以通过右侧的三个文本框进行不同方向的旋转调整，或直接使用鼠标拖曳。
- **透视：** 设置对象的透视效果。设置为0°时没有任何效果，角度越大透视效果越明显。
- **凸出厚度：** 设置凸出的厚度。取值范围为0～2000。
- **端点：** 设置对象显示为实心◙还是空心◙。
- **斜角：** 设置斜角效果。
- **高度：** 设置为1～1000的值。单击"斜角外扩"按钮█，可将斜角添加至对象的原始形状；单击"斜角内缩"按钮█，对象的原始形状将砍去斜角。
- **表面：** 设置表面底纹。选择"线框"选项，会显示几何形状的对象，表面透明；选择"无底"选项，不向对象添加任何底纹；选择"扩散底纹"选项，使对象以一种柔和扩散的材质反射光；选择"塑料效果底纹"选项，使对象以一种闪烁的材质模式反光。
- **贴图：** 在弹出的"贴图"对话框中，可以选择符号对各表面进行贴图处理，如图10-7所示。
- **更多选项：** 单击该按钮，可以在展开的参数窗口中设置光源强度、环境光、高光强度等参数，如图10-8所示。

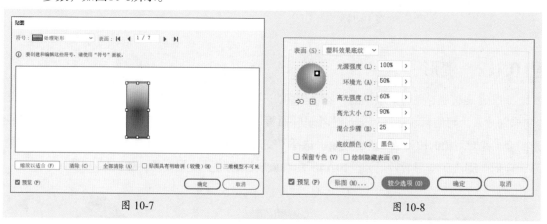

图 10-7　　　　　　　　　　　　　　　　图 10-8

（2）绕转。绕转将围绕全局Y轴绕转一条路径或剖面，使其做圆周运动以创建立体效果。选择目标对象，执行"效果"|"3D和材质"|"3D（经典）"|"绕转（经典）"命令，弹出"3D绕转选项（经典）"对话框，如图10-9所示，应用效果如图10-10所示。

该对话框中部分常用选项功能如下。

- **角度：** 设置绕转角度，取值范围为0°～360°。
- **位移：** 设置绕转轴和路径之间的距离。
- **自：** 设置绕转轴位于对象左边还是右边。

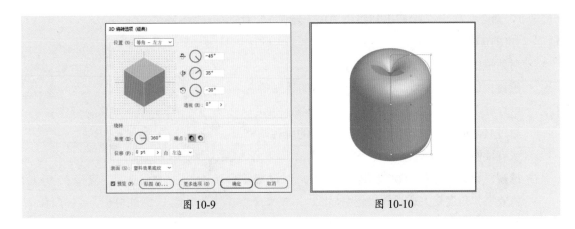

图 10-9 图 10-10

（3）旋转。旋转可以在三维空间中旋转对象。选择目标对象，执行"效果"|"3D和材质"|"3D（经典）"|"旋转（经典）"命令，在弹出的"3D旋转选项（经典）"对话框中可设置参数，如图10-11所示。应用效果如图10-12所示。

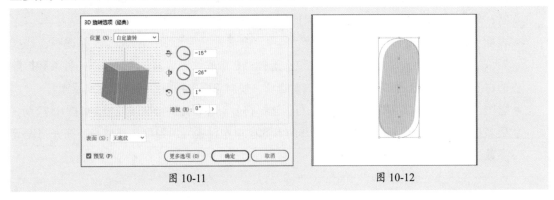

图 10-11 图 10-12

10.1.2 变形

变形效果与"对象"菜单中的"封套扭曲"子菜单中的"用变形建立"命令应用效果一致。"变形"效果为可编辑状态，可通过"外观"面板进行调整，而"用变形建立"是只创建一个变形封套，并对对象的原始效果进行更改。选择要变形的对象（对象、组合或图层），如图10-13所示，应用"膨胀"变形后效果如图10-14所示。旋转图像将更改其效果，如图10-15所示。

图 10-13 图 10-14 图 10-15

10.1.3 扭曲和变换

扭曲和变换效果组中的效果可以快速改变对象的形状，但不会改变对象的几何形状。执行

"效果"|"扭曲和变换"命令，弹出如图10-16所示的子菜单，其功能如下。

- **变换：** 可以缩放、调整、移动或镜像对象。
- **扭拧：** 可以随机向内或向外弯曲和扭曲对象。用户可以通过设置"垂直"和"水平"扭曲，控制图形的变形效果。
- **扭转：** 可以制作顺时针或逆时针扭转对象形状的效果。数值为正时顺时针扭转；数值为负时逆时针扭转。
- **收缩和膨胀：** 以所选对象的中心点为基点，收缩或膨胀变形对象。数值为正时膨胀变形对象；数值为负时收缩变形对象。
- **波纹效果：** 可以波纹化扭曲路径边缘，使路径内、外侧分别出现波纹或锯齿状的线段锚点。
- **粗糙化：** 该效果可将对象的边缘变形为各种大小的尖峰或凹谷的锯齿，使其看起来粗糙。
- **自由扭曲：** 该效果可以通过拖动4个控制点的方式改变矢量对象的形状。

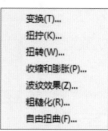

图 10-16

选择不同的命令可实现不同的扭曲和变换效果，如图10-17所示。

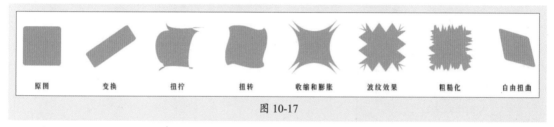

图 10-17

动手练 毛绒星形

📖 **素材位置：本书实例\第10章\动手练\毛绒星形\毛绒星形.ai**

本练习介绍如何制作毛绒星形效果，主要涉及椭圆工具和渐变工具，以及粗糙化、收缩和膨胀以及图像混合等操作。具体操作过程如下。

步骤01 选择"椭圆工具"，绘制正圆并填充渐变，效果如图10-18所示。

步骤02 执行"效果"|"扭曲和变换"|"粗糙化"命令，在弹出的"粗糙化"对话框中设置参数，如图10-19所示。效果如图10-20所示。

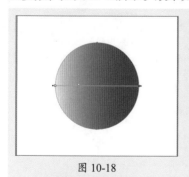

图 10-18

图 10-19

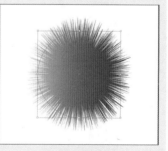

图 10-20

步骤03 执行"效果"|"扭曲和变换"|"收缩和膨胀"命令，在弹出的"收缩和膨胀"对话框中设置参数，如图10-21所示。效果如图10-22所示。

步骤04 比例缩放为20%后，按住Alt键移动并复制两次，效果如图10-23所示。

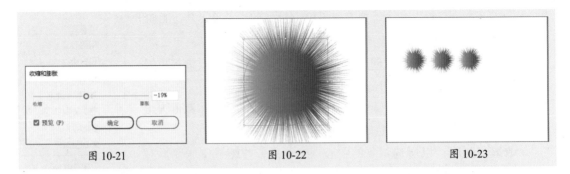

图 10-21　　　　　　　　　　图 10-22　　　　　　　　　　图 10-23

步骤 **05** 双击"混合工具"，在弹出的"混合选项"对话框中设置参数，如图10-24所示。

步骤 **06** 按Ctrl+A组合键将对象全部选中，按Ctrl+Alt+B组合键创建混合，如图10-25所示。

步骤 **07** 调整大小并放置在右上角，选择"星形工具"，按住Shift键拖动鼠标绘制星形，如图10-26所示。

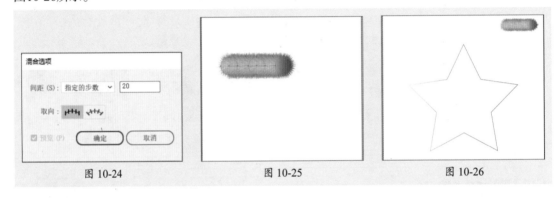

图 10-24　　　　　　　　　　图 10-25　　　　　　　　　　图 10-26

步骤 **08** 按Ctrl+A组合键将对象全部选中，执行"对象"|"混合"|"替换混合轴"命令，如图10-27所示。

步骤 **09** 双击"混合工具"，在弹出的"混合选项"对话框中设置参数，如图10-28所示。

步骤 **10** 调整效果如图10-29所示，选择"星形工具"，按住Shift键拖动鼠标绘制星形。

图 10-27　　　　　　　　　　图 10-28　　　　　　　　　　图 10-29

至此，完成毛绒星形的制作。

▎10.1.4　栅格化

栅格化效果是将矢量图形转换为位图图像的过程。选择图形对象，如图10-30所示，执行"对象"|"栅格化"命令，在弹出的"栅格化"对话框中可以对颜色模型、背景以及选项进行设

置，如图10-31所示。应用效果如图10-32所示。

图 10-30

图 10-31

图 10-32

"栅格化"对话框中各选项功能如下。

● **颜色模型：**确定在栅格化过程中所用的颜色模型，包括CMYK、RGB、灰度以及位图。

● **分辨率：**确定栅格化图像中每英寸的像素数（PPI）。

● **背景：**确定矢量图形的透明区域如何转换为像素。选中"白色"单选按钮可用白色像素填充透明区域，选中"透明"单选按钮可使背景透明。

● **消除锯齿：**应用消除锯齿效果，可改善栅格化图像的锯齿边缘外观。设置文档的栅格化选项时，若取消选择此选项，则保留细小线条和细小文本的尖锐边缘。

● **创建剪贴蒙版：**创建一个使栅格化图像的背景显示为透明的蒙版。若"背景"选择了"透明"，则不需要再创建剪贴蒙版。

● **添加环绕对象：**可以通过指定像素值，为栅格化图像添加边缘填充或边框。

10.1.5 路径查找器

"效果"菜单中的路径查找器效果仅可应用于组、图层和文本对象。执行"效果"|"路径查找器"命令，弹出如图10-33所示的子菜单。其功能如下。

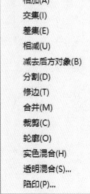
图 10-33

● **相加：**描摹所有对象的轮廓，得到的图形采用顶层对象的颜色属性。

● **交集：**描摹对象重叠区域的轮廓。

● **差集：**描摹对象未重叠的区域。若有偶数个对象重叠，则重叠处会变成透明；若有奇数个对象重叠，重叠的地方则会填充顶层对象颜色。

● **相减：**从最后面的对象减去前面的对象。

● **减去后方对象：**从最前面的对象减去后面的对象。

● **分割：**按照图形的重叠，将图形分割为多部分。

● **修边：**用于删除所有描边，且不会合并相同颜色的对象。

● **合并：**删除已填充对象被隐藏的部分，会删除所有描边并且合并具有相同颜色的相邻或重叠的对象。

● **裁剪：**将图稿分割为作为其构成成分的填充表面，删除图稿中所有落在最上方对象边界之外的部分，还会删除所有描边。

● **轮廓：**将对象分割为其组件线段或边缘。

● **实色混合：**通过选择每个颜色组件的最高值来组合颜色。

- **透明混合：** 使底层颜色透过重叠的图稿可见，然后将图像划分为其构成部分的表面。
- **陷印：** 通过识别较浅色的图稿并将其陷印到较深色的图稿中，为简单对象创建陷印。

可以从"路径查找器"面板中应用"陷印"命令，或者将其作为效果进行应用。

选择目标对象编组并选择该组，如图10-34所示。执行"效果"|"路径查找器"|"相减"命令，效果如图10-35所示。应用效果后，仍可选择和编辑原始对象，如图10-36所示。

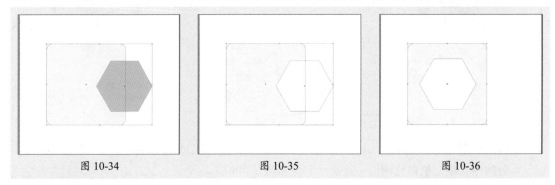

图 10-34　　　　　　　　　　图 10-35　　　　　　　　　　图 10-36

知识点拨

　　"效果"菜单中的路径查找器命令与"路径查找器"面板的按钮有所不同，"路径查找器"面板中的路径查找器效果可应用于任何对象、组和图层的组合。

10.1.6　转换为形状

"转换为形状"效果组中的效果可以将矢量对象的形状转换为矩形、圆角矩形或椭圆。选择图形对象，执行"效果"|"转换为形状"命令，在弹出的"形状选项"对话框中设置参数，如图10-37所示。转换前后的效果如图10-38所示。

图 10-37　　　　　　　　　　图 10-38

"形状选项"对话框中各选项功能如下。
- **形状：** 可在下拉列表中切换要转换的对象形状。
- **"绝对""相对"选项组：** "绝对"是由对象中心点出发转换形状的绝对大小。"相对"是由原对象大小设置对象的转换形状。
- **圆角半径：** 选择"圆角矩形"形状时激活该选项，设置其圆角半径。

10.1.7 风格化

"风格化"效果组中的效果可以为对象添加特殊的效果,制作具有艺术质感的图像。执行"效果"|"风格化"命令,弹出如图10-39所示的子菜单。其功能如下。

- **内发光:** 可以在对象内侧添加发光效果。
- **圆角:** 可以将路径上的尖角转换为圆角。
- **外发光:** 可以在对象外侧创建发光效果。
- **投影:** 可以为选中的对象添加阴影效果。
- **涂抹:** 可以制作类似彩笔涂画的效果。
- **羽化:** 可以制作图像边缘渐隐的效果。

图 10-39

执行不同的命令可应用不同的风格化效果,如图10-40所示。

图 10-40

10.2 Photoshop效果

在Illustrator中也提供了和Photoshop相似的图像处理效果,被应用效果的矢量对象会被栅格化(转换为像素图像),从而失去其矢量特性。

10.2.1 效果画廊

Illustrator中的"效果画廊"也就是Photoshop中的滤镜库。"效果画廊"中包含常用的六组效果,可以非常方便、直观地为图像添加效果。

选择图像后,执行"效果"|"效果画廊"命令,打开"效果画廊"窗口,图10-41所示为应用颗粒效果。

图 10-41

10.2.2　像素化

　　"像素化"效果组中的效果通过将颜色值相近的像素集结成块来清晰地定义一个选区。执行"效果"|"像素化"命令，弹出如图10-42所示的子菜单。其功能如下。

图 10-42

- **彩色半调**：模拟在图像的每个通道上使用放大的半调网屏的效果。
- **晶格化**：将颜色集结成块，形成多边形。
- **点状化**：将图像中的颜色分解为随机分布的网点，如同点状化绘画一样，并使用背景色作为网点之间的画布区域。
- **铜版雕刻**：将图像转换为黑白区域的随机图案或彩色图像中完全饱和颜色的随机图案。

　　选择目标对象，如图10-43所示。执行"效果"|"像素化"|"点状化"命令，在弹出的"点状化"对话框中设置参数，如图10-44所示。应用效果如图10-45所示。

图 10-43

图 10-44

图 10-45

10.2.3　扭曲

　　"扭曲"效果组中的效果可以扭曲图像。执行"效果"|"像素化"命令，在子菜单中有3种效果命令，执行任意一个命令可以在"效果画廊"中设置参数。其功能如下。

- **扩散亮光**：该效果可以将透明的白色噪点或杂色添加到图像，并从选区的中心向外渐隐亮光，制作出柔和的、扩散滤镜的效果，如图10-46所示。
- **海洋波纹**：该效果可以将随机分隔的波纹添加到图稿，使图稿看上去像是在水中，如图10-47所示。
- **玻璃**：该效果可以模拟出透过不同类型的玻璃的效果，如图10-48所示。

图 10-46

图 10-47

图 10-48

Illustrator 图形创意设计与制作（AIGC全彩微课版）

10.2.4 模糊

"模糊"效果组中的效果可以使图像产生一种朦胧模糊的效果。执行"效果"|"模糊"命令，在子菜单中有3种效果命令，如图10-49所示。其功能如下。

图 10-49

- **径向模糊：** 模拟对相机进行缩放或旋转而产生的柔和模糊。
- **特殊模糊：** 精确地模糊图像。
- **高斯模糊：** 快速地模糊图像。

选择目标对象，如图10-50所示。执行"效果"|"模糊"|"径向模糊"命令，在弹出的"径向模糊"对话框中设置参数，如图10-51所示。应用效果如图10-52所示。

图 10-50

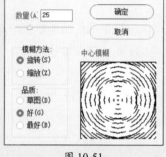

图 10-51

图 10-52

动手练 无边界高斯模糊

📄 **素材位置：** 本书实例\第10章\动手练\无边界高斯模糊\高斯模糊.ai

本练习介绍如何制作无边界高斯模糊，主要涉及椭圆工具、文档栅格效果设置以及高斯模糊等。具体操作过程如下。

步骤 01 选择"椭圆工具"，绘制正圆并填充颜色，效果如图10-53所示。

步骤 02 执行"效果"|"文档栅格效果设置"命令，在弹出的"文档栅格效果设置"对话框中设置参数，如图10-54所示。

步骤 03 执行"效果"|"模糊"|"高斯模糊"命令，在弹出的"高斯模糊"对话框中设置"半径"为100，效果如图10-55所示。

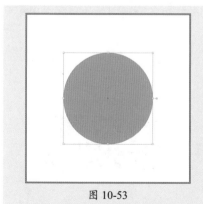

图 10-53

图 10-54

图 10-55

至此，完成无边界高斯模糊的制作。

第10章 视觉效果的深度解析

187

默认情况下，绘制图形后执行高斯模糊命令会出现边框，如图10-56、图10-57所示。对文档栅格效果进行设置可改变此效果。

图 10-56

图 10-57

10.2.5 画笔描边

"画笔描边"效果组中的效果可以模拟不同的画笔笔刷绘制图像，制作绘画的艺术效果。选中目标对象，如图10-58所示，执行"效果"|"画笔描边"命令的子菜单中的命令，可以在"效果画廊"中设置如下参数。

● **喷溅：** 模拟喷溅喷枪的效果，如图10-59所示。

● **喷色描边：** 使用图像的主导色，用成角的、喷溅的颜色线条重新绘制，如图10-60所示。

图 10-58

图 10-59

图 10-60

● **墨水轮廓：** 以钢笔画的风格，用纤细的线条在原细节上重绘图像，如图10-61所示。

● **强化的边缘：** 强化图像边缘。当"边缘亮度"控制设置值较高时，强化效果看上去像白色粉笔；设置值较低时，强化效果看上去像黑色油墨，如图10-62所示。

● **成角的线条：** 使用对角描边重新绘制图像。用一个方向的线条绘制图像的亮区，用相反方向的线条绘制暗区，如图10-63所示。

图 10-61

图 10-62

图 10-63

- **深色线条**：用短线条绘制图像中接近黑色的暗区；用长的白色线条绘制图像中的亮区，如图10-64所示。
- **烟灰墨**：通过计算图像中像素值的分布，对图像进行概括性的描述，进而产生用饱含黑色墨水的画笔在宣纸上进行绘画的效果，也称为书法滤镜，如图10-65所示。
- **阴影线**：保留原始图像的细节和特征，同时使用模拟的铅笔阴影线添加纹理，并使彩色区域的边缘变粗糙，如图10-66所示。

图 10-64

图 10-65

图 10-66

10.2.6　素描

"素描"效果组中的效果可以重绘图像，使其呈现特殊的效果。选中目标对象，如图10-67所示。执行"效果"|"素描"命令的子菜单中的任意一个命令，都可以在"效果画廊"中设置参数。其功能如下。

- **便条纸**：创建像是用手工制作的纸张构建的图像，如图10-68所示。
- **半调图案**：在保持连续的色调范围的同时，模拟半调网屏的效果，如图10-69所示。

图 10-67

图 10-68

图 10-69

- **图章**：简化图像，使其呈现用橡皮或木制图章盖印的样子。常用于黑白图像，如图10-70所示。
- **基底凸现**：变换图像，使其呈现浮雕的雕刻状和突出光照下变化各异的表面。其中图像中的深色区域被处理为黑色，较亮的颜色则被处理为白色，如图10-71所示。
- **影印**：模拟影印图像的效果，如图10-72所示。
- **撕边**：模拟撕破的纸张效果。使用前景色与背景色为图像着色，如图10-73所示。

- **水彩画纸：** 利用有污点的、像画在潮湿的纤维纸上的涂抹方式，使颜色流动并混合，如图10-74所示。
- **炭笔：** 产生色调分离的涂抹效果。主要边缘以粗线条绘制，中间色调用对角描边进行素描。炭笔是前景色，背景是纸张颜色，如图10-75所示。

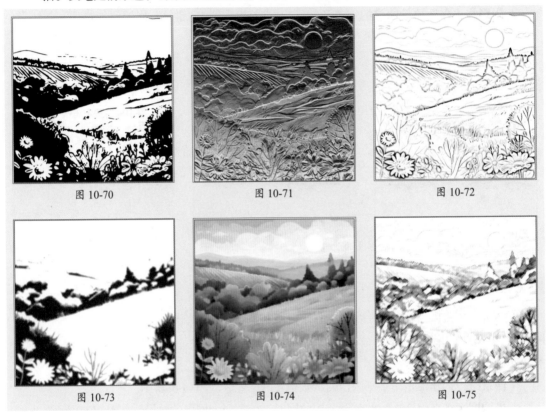

图 10-70　　　　　　　　　图 10-71　　　　　　　　　图 10-72

图 10-73　　　　　　　　　图 10-74　　　　　　　　　图 10-75

- **炭精笔：** 模拟图像中纯黑和纯白的炭精笔纹理效果。暗部区域使用前景色，亮部区域使用背景色，如图10-76所示。
- **石膏效果：** 使图像呈现石膏画效果，并使用前景色和背景色上色，暗区凸起，亮区凹陷，如图10-77所示。
- **粉笔和炭笔：** 重绘图像的高光和中间调，其背景为粗糙粉笔绘制的纯中间调。阴影区域用对角炭笔线条替换。炭笔用黑色绘制，粉笔用白色绘制，如图10-78所示。

图 10-76　　　　　　　　　图 10-77　　　　　　　　　图 10-78

Illustrator 图形创意设计与制作（AIGC全彩微课版）

- **绘图笔：** 使用纤细的线性油墨线条捕获原始图像的细节。此效果通过用黑色代表油墨，用白色代表纸张的方式来替换原始图像中的颜色，如图10-79所示。
- **网状：** 模拟胶片乳胶的可控收缩和扭曲来创建图像，使其在暗调区域呈结块状，在高光区域呈轻微颗粒化，如图10-80所示。
- **铬黄渐变：** 将图像处理成擦亮的铬黄表面。其中，高光在反射表面上是高点，暗调是低点，如图10-81所示。

图 10-79 图 10-80 图 10-81

10.2.7 纹理

"纹理"效果组中的效果可以模拟具有深度感或物质感的外观，或添加一种器质外观。执行"效果"|"纹理"命令，在子菜单中执行任意一个命令，都可以在"效果画廊"中设置参数。其功能如下。

- **龟裂缝：** 模拟类似于高凸现的石膏表面上的精细网状裂缝效果，如图10-82所示。
- **颗粒：** 用于向图像中添加颗粒状的噪点，模拟胶片颗粒、画布纹理或打印输出时的颗粒效果，如图10-83所示。
- **马赛克拼贴：** 将图像转换为类似马赛克瓷砖拼贴的效果，通常会呈现出一定的浮雕感觉，如图10-84所示。

图 10-82 图 10-83 图 10-84

- **拼缀图：** 将图像拆分成多个规则排列的小方块，并选用图像中的颜色对各方块进行填充，以产生一种类似建筑拼贴瓷砖的效果，如图10-85所示。
- **染色玻璃：** 将图像调整为彩色的玻璃块效果，如图10-86所示。

- **纹理化**：将选择或创建的纹理应用于图像，如图10-87所示。

图 10-85　　　　　　　　　　图 10-86　　　　　　　　　图 10-87

10.2.8　艺术效果

　　"艺术效果"效果组中的效果可以制作绘画效果或艺术效果。执行"效果"|"艺术效果"命令，在子菜单中执行任意一个命令，都可以在"效果画廊"中设置参数。其功能如下。

- **壁画**：以一种粗糙的方式，使用短而圆的描边绘制图像，如图10-88所示。
- **彩色铅笔**：使用彩色铅笔在纯色背景上绘制图像。保留边缘，外观呈粗糙阴影线；纯色背景色透过比较平滑的区域显示出来，如图10-89所示。
- **粗糙蜡笔**：在带纹理的背景上应用粉色描边。其中，在深色区域纹理比较明显；而在亮色区域，粉笔看上去很厚，几乎看不见纹理，如图10-90所示。

图 10-88　　　　　　　　　　图 10-89　　　　　　　　　图 10-90

- **底纹效果**：模拟在自带的底图上绘画，以产生一种纹理描绘的效果，如图10-91所示。
- **调色刀**：减少图像中的细节，以生成描绘得很淡的画布效果，可以显示出下面的纹理，如图10-92所示。
- **干画笔**：模拟使用干燥画笔在画布或纸张上绘制的质感，通过独特的笔触和纹理效果为图像边缘添加粗糙、手绘的质感。如图10-93所示。
- **海报边缘**：根据设置的海报化选项减少图像中的颜色数量（对其进行色调分离），并查找图像的边缘，在边缘绘制黑色线条，如图10-94所示。
- **海绵**：使用颜色对比强烈、纹理较重的区域创建图像，以模拟海绵绘画的效果，如图10-95所示。

- **绘画涂抹**：使用各种大小和类型的画笔来模拟绘画效果，如图10-96所示。

图 10-91   图 10-92   图 10-93

图 10-94   图 10-95   图 10-96

- **胶片颗粒**：将平滑图案应用于图像的暗调色调和中间色调，如图10-97所示。
- **木刻**：使图像产生像由粗糙剪切的彩纸组成的效果，高对比度图像看起来像黑色剪影，彩色图像看起来像由几层彩纸构成，如图10-98所示。
- **霓虹灯光**：模拟霓虹灯光的效果，将各种类型的灯光添加到图像中的对象上，如图10-99所示。

图 10-97   图 10-98   图 10-99

- **水彩**：模拟水彩画的效果，即以水彩的风格绘制图像，简化图像细节，如图10-100所示。
- **塑料包装**：使图像产生表面质感强烈并富有立体感的塑料包装效果，如图10-101所示。
- **涂抹棒**：使画面呈现模糊和浸染效果，如图10-102所示。

图 10-100

图 10-101

图 10-102

10.3 外观属性

在Illustrator中，"外观"面板是一个强大的工具，它允许用户在不改变对象基础结构的前提下，调整对象的外观属性。

10.3.1 "外观"面板

"外观"面板是使用外观属性的主要入口，它允许用户查看和编辑已应用于对象、组或图层的填充、描边、图形样式和效果。执行"窗口"|"外观"命令或按Shift+F6组合键，即可打开"外观"面板，如图10-103所示。在该面板中部分选项功能如下。

图 10-103

- **菜单**▤：打开快捷菜单以执行相应的命令。
- **单击切换可视性**◉：切换属性或效果的显示与隐藏。
- **添加新描边**▢：为选中对象添加新的描边。
- **添加新填色**▣：为选中对象添加新的填色。
- **添加新效果**ʄₓ：为选中对象添加新的效果。
- **清除外观**⊘：清除选中对象的所有外观属性与效果。
- **复制所选项目**⊡：复制选中的属性。
- **删除所选项目**🗑：删除选中的属性。

10.3.2 编辑外观属性

通过"外观"面板，可以修改对象的现有外观属性，如对象的填色、描边、不透明度以及效果等。

1. 填色

在"外观"面板中单击"填色"色块▨，在弹出的面板中选择合适的颜色即可替换当前选中对象的填色，如图10-104所示。也可以按住Shift键的同时单击"填色"色块，调出替代色彩用户界面，可以自定义颜色，如图10-105所示。

2. 描边

选中对象后，单击"外观"面板中的"描边"按钮▨，可以重新设置该描边的颜色与画笔样式。单击带有下画线的"描边"按钮，在弹出的面板中可设置描边参数，如图10-106所示。

图 10-104　　　　　　图 10-105　　　　　　图 10-106

3. 不透明度

对象的不透明度一般为默认值，可以单击"不透明度"名称，打开"不透明度"面板，调整对象的不透明度、混合模式等参数，如图10-107所示。在"外观"面板中也会有相应显示，如图10-108所示。

4. 效果

单击面板中的"添加新效果"按钮 fx，在弹出的菜单中执行相应的效果命令，为选中的对象添加新的效果，如图10-109所示。若想对对象已添加的效果进行修改，可以在"外观"面板中单击效果名称，如图10-110所示，打开相应的对话框进行修改。

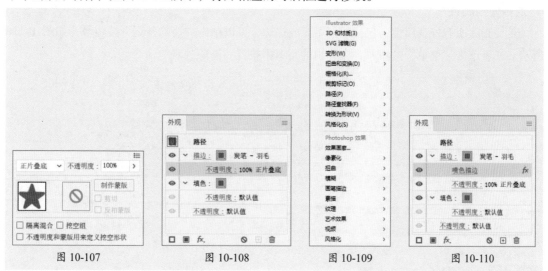

图 10-107　　　　图 10-108　　　　图 10-109　　　　图 10-110

10.3.3　管理外观属性

除了添加外观属性，还可以对其顺序进行调整，复制外观属性以及删除外观属性。

1. 调整外观属性顺序

在"外观"面板中，可以调整不同属性的排列顺序，使选中的对象呈现出不一样的效果。选中要调整顺序的属性，按住鼠标拖动至合适位置，此时"外观"面板中将出现一条蓝色粗线，如图10-111所示。松开鼠标即可改变其顺序，如图10-112所示。调整前后的效果如图10-113所示。

图 10-111   图 10-112   图 10-113

2. 复制/删除外观属性

在"外观"面板中，选择需要复制的属性，直接单击"复制所选项目"按钮 🔲 即可，如图10-114所示。或者单击"菜单"按钮 🔳，在弹出的菜单中执行"复制项目"命令。

删除外观属性可以单击"删除所选项目"按钮 🗑，或者单击"菜单"按钮 🔳，在弹出的菜单中执行"移去项目"命令。

3. 简化至基本外观

单击"菜单"按钮 🔳，在弹出的菜单中执行"简化至基本外观"命令，可以直接将对象的外观简化为仅包含基本填色和描边，如图10-115所示。

4. 清除外观属性

若要删除所有外观属性，包括任何填充或描边，可以单击"清除外观"按钮 🚫，如图10-116所示。或者单击"菜单"按钮 🔳，在弹出的菜单中执行"清除外观"命令。

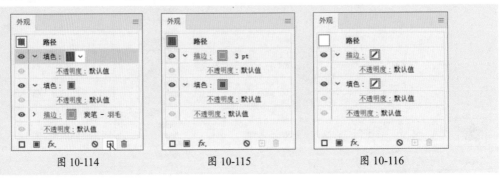

图 10-114   图 10-115   图 10-116

动手练 长阴影文字效果

📖 **素材位置：本书实例\第10章\动手练\长阴影文字效果\长阴影文字.ai**

本练习介绍如何制作长阴影文字效果，主要涉及文字工具的使用、创建轮廓、创建混合以及"外观"面板的使用等。具体操作过程如下。

步骤 01 选择"文字工具"，输入文字，在"字符"面板中设置参数，如图10-117所示。

步骤 02 将文字居中对齐，效果如图10-118所示。

步骤 03 按Shift+Ctrl+O组合键创建轮廓，效果如图10-119所示。

步骤 04 按Ctrl+8组合键创建复合路径，效果如图10-120所示。

步骤 05 填充颜色（#595757），效果如图10-121所示。

步骤 06 在"外观"面板中单击"添加新填色"按钮▣，设置填充颜色，如图10-122所示。

图 10-117　　　　　图 10-118　　　　　图 10-119

图 10-120　　　　　图 10-121　　　　　图 10-122

步骤 07 继续单击"添加新效果"按钮*fx*，在弹出的菜单中执行"扭曲和变换"|"变换"命令，在弹出的"变换效果"对话框中设置参数，如图10-123所示。效果如图10-124所示。

步骤 08 执行"对象"|"扩展外观"命令，效果如图10-125所示。

图 10-123　　　　　图 10-124　　　　　图 10-125

步骤 09 取消编组后，按Ctrl+Alt+B组合键创建混合，效果如图10-126所示。

步骤 10 双击进入隔离模式，选择底层文字，更改其填充颜色为白色，设置"不透明度"为0，"外观"面板显示效果如图10-127所示。

步骤 11 调整文字轮廓间的间距，退出隔离模式后等比例放大，最终效果如图10-128所示。至此，完成长阴影文字效果的制作。

图 10-126   图 10-127   图 10-128

10.4 图形样式

在Illustrator中，图形样式是一组可反复使用的外观属性集合，允许用户快速更改对象的外观。这些属性包括填色、描边、效果等，可以应用于单个对象、组或图层。

10.4.1 "图形样式"面板

"图形样式"面板展示了多种预设的样式。执行"窗口"|"图形样式"命令，打开"图形样式"面板，如图10-129所示。将目标样式拖放至图形中即可应用，图10-130所示分别为应用前后的效果。应用的效果将在"外观"面板中显示，如图10-131所示。

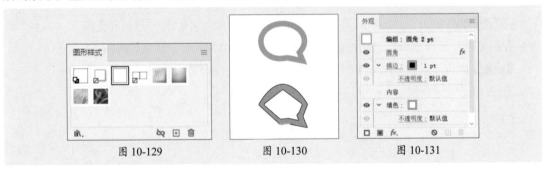

图 10-129   图 10-130   图 10-131

10.4.2 图形样式库

"图形样式"面板中仅展示部分图形样式，执行"窗口"|"图形样式库"命令，或单击"图层样式"面板左下角的"图形样式库菜单"按钮 ，弹出样式库菜单，如图10-132所示。任选一个选项，即可弹出该选项的面板，图10-133和图10-134所示分别为"霓虹效果"和"艺术效果"面板。

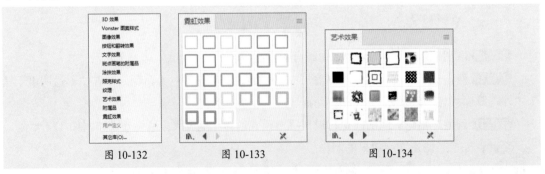

图 10-132   图 10-133   图 10-134

10.4.3 添加图形样式

选中一个设置好外观样式的对象，如图10-135所示。单击"图形样式"面板中的"新建图形样式"按钮⊞，即可创建新的图层样式，此时新建的图形样式在"图形样式"面板中显示，如图10-136所示。绘制任意形状（同色心形），单击该样式缩览图，应用效果如图10-137所示。

图 10-135　　　　　　　图 10-136　　　　　　　图 10-137

若要重命名图形样式，可以双击该样式，在弹出的"图形样式选项"对话框中设置参数，如图10-138所示。若要删除图形样式，可以直接在"图形样式"面板中单击"删除图层样式"按钮🗑。若要断开图形样式，可以单击"图形样式"面板中的"断开图形样式链接"按钮断开链接。

选中需要保存的图形样式，单击菜单按钮☰，在弹出的菜单中执行"存储图形样式库"命令，如图10-139所示。在弹出的"将图形样式存储为库"对话框中设置名称，单击"保存"按钮即可。在"图形样式"面板中单击"图层样式库菜单"按钮，在菜单中执行"用户定义"命令即可看到保存的图形样式，如图10-140所示。

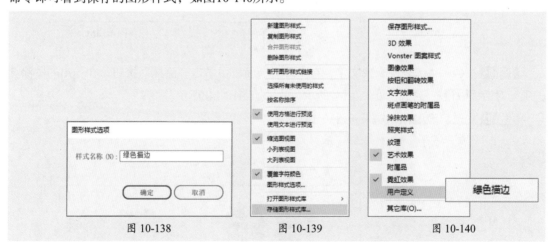

图 10-138　　　　　　　图 10-139　　　　　　　图 10-140

动手练 涂抹文字效果 ────────────────────────

📗 **素材位置：本书实例\第10章\动手练\涂抹文字效果\涂抹文字.ai**

本练习介绍如何制作涂抹文字效果，主要涉及文字工具的使用、创建轮廓、图形样式以及"外观"面板的使用。具体操作过程如下。

步骤 01 选择"文字工具"，输入文字，在"字符"面板中设置参数，如图10-141所示。

步骤 02 将文字居中对齐，效果如图10-142所示。

步骤 03 按Shift+Ctrl+O组合键创建轮廓，效果如图10-143所示。按Shift+Ctrl+G组合键取消分组。

图 10-141　　　　　　　　图 10-142　　　　　　　　图 10-143

步骤 04 选中"拒"字后，执行"窗口"|"图形样式库"|"涂抹效果"命令，在弹出的"涂抹效果"面板中单击"涂抹11"，如图10-144所示。效果如图10-145所示。

步骤 05 使用相同的方法对剩下的文字轮廓执行相同的操作，效果如图10-146所示。

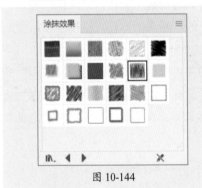

图 10-144　　　　　　　　图 10-145　　　　　　　　图 10-146

步骤 06 按Ctrl+A组合键全选文字，在"外观"面板中单击"涂抹"按钮，在弹出的"涂抹选项"对话框中设置参数，如图10-147所示。效果如图10-148所示。

步骤 07 更改填充颜色，效果如图10-149所示。

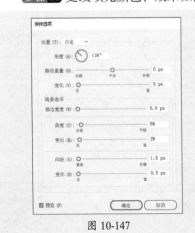

图 10-147　　　　　　　　图 10-148　　　　　　　　图 10-149

10.5 案例实战：凹陷立体文字

📖 **素材位置：本书实例\第10章\案例实战\凹陷立体文字\凹陷立体文字.ai**

本练习介绍如何制作凹陷立体文字，主要涉及文本的创建与编辑、3D凸出和斜角、"外观"面板以及路径查找器的使用。具体操作过程如下。

步骤 01 选择"文字工具"，输入文字，在"字符"面板中设置参数，如图10-150所示。

步骤 02 更改字体颜色后（#43C6AC），按住Alt键移动并复制，效果如图10-151所示。

步骤 03 执行"效果"|"3D和材质"|"3D（经典）"|"凸出和斜角（经典）"命令，在弹出的"3D凸出和斜角选项（经典）"对话框中设置参数，如图10-152所示。

图 10-150

图 10-151

图 10-152

步骤 04 单击"更多选项"按钮，继续设置参数，如图10-153所示。应用效果如图10-154所示。

图 10-153

图 10-154

步骤 05 选择下方文字，执行"效果"|"应用凸出和斜角（经典）"命令，效果如图10-155所示。

步骤 06 在"外观"面板中双击"3D凸出和斜角（经典）"效果，如图10-156所示。

步骤 07 在弹出的"3D凸出和斜角选项（经典）"对话框中设置参数，如图10-157所示。效果如图10-158所示。

图 10-155

图 10-156

图 10-157

步骤08 按Ctrl+A组合键全选，执行"对象" | "扩展外观"命令，效果如图10-159所示。

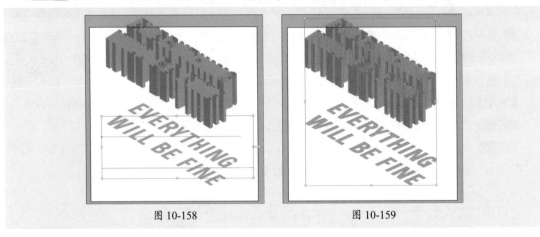

图 10-158

图 10-159

步骤09 在"属性"面板中单击"水平居中对齐"与"垂直顶对齐"按钮，向下移动效果如图10-160所示。选择"矩形工具"绘制矩形，置于底层，效果如图10-161所示。

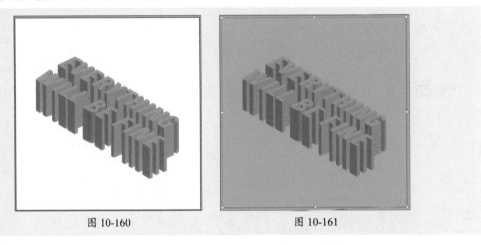

图 10-160

图 10-161

步骤10 在"路径查找器"对话框中单击"减去底层"按钮，如图10-162所示。

步骤11 效果如图10-163所示。

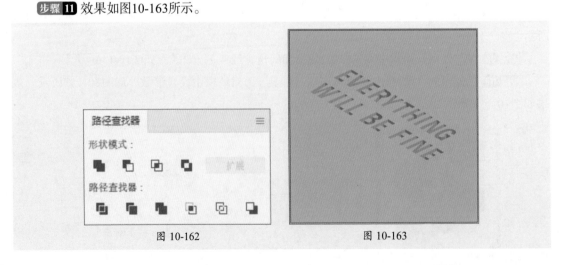

图 10-162

图 10-163

至此，完成凹陷立体文字的制作。

Illustrator 图形创意设计与制作（AIGC全彩微课版）

10.6 拓展练习

▌练习1 繁花似锦

📖 **素材位置：本书实例\第10章\拓展练习\繁花似锦\繁花似锦.ai**

下面练习利用星形工具、缩放功能、混合工具以及扭曲和变换命令制作繁花似锦的效果。

📈 **制作思路**

使用"星形工具"绘制星形并填充渐变，效果如图10-164所示。复制后等比例缩小，选择两个星形，使用"混合工具"创建指定步数的混合效果，如图10-165所示。执行"效果"|"扭曲和变换"|"扭拧"命令，设置扭曲效果，调整花形的渐变和大小，效果如图10-166所示。

图 10-164

图 10-165

图 10-166

▌练习2 立体像素字效果

📖 **素材位置：本书实例\第10章\拓展练习\立体像素字效果\像素立体字.ai**

下面练习利用文字工具、"创建对象马赛克"命令、编组选择工具以及3D效果制作立体像素字效果。

📈 **制作思路**

使用"文字工具"输入文字，如图10-167所示。创建轮廓后栅格化（透明）。执行"对象"|"创建对象马赛克"命令创建马赛克，使用"魔棒工具"选中白色的部分并删除，编组后的效果如图10-168所示。添加3D效果后如图10-169所示。

图 10-167

图 10-168

图 10-169

第 11 章
图像输出优化全攻略

在Illustrator中，切片、Web图像输出和打印等输出优化功能扮演着至关重要的角色。这些功能能共同提升设计作品在不同应用场景中的效率和品质。本章详细讲解切片的基本功能、切片的创建与编辑方法、Web图像输出的最佳实践、Web安全色的概念，以及文件的打印设置。这些内容将帮助设计师更好地掌握图像输出的技巧，确保作品在各种媒介中都能实现最佳效果。

切片的基本功能

切片功能主要用于将大型图像或设计作品分割成多个较小的部分（切片），便于后续的编辑、导出和管理。以下是Illustrator切片基本功能的介绍。

1. 图像分割

切片工具允许用户根据需求将大型图像或设计作品分割成多个较小的部分。这些切片可以是矩形或其他自定义形状，具体取决于用户的操作和设计需求。通过切片，设计师能够将复杂的图像分解为更易于管理和编辑的部分，从而便于后续的优化和导出。

2. 优化网页加载

在导出切片时，用户可以选择不同的压缩设置和图像质量，以减小文件大小并提高网页加载速度。对于每个切片，用户可以选择合适的文件格式（如JPEG、PNG、GIF），根据内容类型优化图像质量和文件大小，确保最佳的网页表现。

3. 导出与发布

切片可以单独导出为不同格式的图像文件，适合用于网页、应用程序或其他媒体。用户还可以将切片导出为 HTML 文件，便于在网页中使用，支持图像的链接和布局。此外，通过"切片"面板，用户可以一次性导出多个切片，从而节省时间和精力。

4. 切片命名与管理

用户可以为每个切片自定义名称，以便于管理和识别，尤其在处理多个切片时。用户可以在"切片"面板中查看和编辑切片的属性，包括文件格式、图像质量和链接信息。

5. 切片设置与预览

用户可以在"切片"面板中设置每个切片的具体选项，如图像质量、压缩比率和文件格式等。在导出切片之前，用户可以预览切片的效果，以确保图像质量和文件大小符合要求。

6. 集成与兼容性

Illustrator 中的切片功能可以与 Photoshop、Dreamweaver等其他Adobe公司的产品无缝集成，便于实现跨平台工作。切片可以从其他设计软件导入，并且可以导出为适合网页设计和开发的格式。

切片的创建与编辑

在Illustrator中的切片可以基于对象、参考线创建或手动创建，适用于网页设计、图形设计等多种场景。

11.2.1 使用"切片工具"创建切片

切片工具可将图稿分割为单独的Web图像。置入素材文档，选择"切片工具"，在图像中按住鼠标拖动，绘制一个如图11-1所示的矩形选框，释放鼠标即可完成切片的创建，如图11-2所示。按住Shift键拖动鼠标可将切片限制为正方形。

图 11-1   图 11-2

11.2.2　从所选对象创建切片

从所选对象创建切片是一种方便的方式，用户可以将特定的图形或设计元素导出为独立的图像文件。在画板上选择一个或多个对象，如图11-3所示。执行"对象"|"切片"|"创建切片"命令，效果如图11-4所示。

图 11-3   图 11-4

11.2.3　基于参考线创建切片

基于参考线创建切片适用于需要将设计分割成多部分的场景。通过使用参考线，可以精确控制切片的大小和位置，确保导出的图像符合需求。按Ctrl+R组合键显示标识，拖动鼠标创建参考线，如图11-5所示。执行"对象"|"切片"|"基于参考线创建切片"命令，效果如图11-6所示。

图 11-5   图 11-6

▌11.2.4 编辑切片

编辑切片是一个重要的功能，它允许用户对已经创建的切片进行复制、划分、组合和删除等操作，以满足不同的设计需求。

（1）复制切片。使用"切片选择工具"在画布上选择一个或多个切片，如图11-7所示。执行"对象"|"切片"|"复制切片"命令即可复制切片，效果如图11-8所示。使用"切片选择工具"可以移动该切片。

图 11-7   图 11-8

（2）划分切片。如果需要进一步细分切片，可以使用"划分切片"功能。使用"切片工具"创建切片，如图11-9所示。执行"对象"|"切片"|"划分切片"命令，在弹出的"划分切片"对话框中设置参数，如图11-10所示，单击"确定"按钮，应用效果如图11-11所示。

图 11-9   图 11-10   图 11-11

（3）组合切片。组合切片是一种将多个切片合并为一个切片的操作，这对于管理复杂的设计或图像导出非常有用。使用"切片选择工具"选择多个切片，如图11-12所示。执行"对象"|"切片"|"组合切片"命令，将多个切片组合成一个切片，如图11-13所示。

图 11-12   图 11-13

（4）删除切片与全部删除。若要删除切片，需使用"切片选择工具"选中切片，按Delete键删除。若要删除所有切片，执行"对象"|"切片"|"全部删除"命令即可。

▌11.2.5 设置切片选项

切片的选项确定了切片内容如何在生成的网页中显示及发挥作用。使用"切片选择工具"

选中切片，执行"对象"|"切片"|"切片选项"命令，弹出"切片选项"对话框，如图11-14所示。该对话框中各选项的功能如下。

- **切片类型**：设置切片输出类型，即与HTML文件同时导出切片数据在Web中的显示方式。选择"图像"选项，切片数据在生成的网页中为图像文件；选择"无图像"选项，切片数据在生成的网页中包含 HTML 文本和背景颜色；仅当选择文本对象并执行"对象"|"切片"|"建立"命令创建切片时，才选择"HTML文本"选项。
- **名称**：设置切片名称。
- **URL**：设置切片链接的Web地址，在浏览器中单击切片图像时，即可链接到此处设置的网址和目标框架。
- **目标**：设置目标框架的名称。
- **信息**：设置出现在浏览器中的信息。
- **替代文本**：输入字符，将出现在浏览器中的该切片位置上。
- **背景**：选择一种背景色填充透明区域。

图 11-14

动手练 九宫格切片效果

📖 **素材位置**：本书实例\第11章\动手练\九宫格切片效果\九宫格.ai

本练习介绍如何创建九宫格切片效果，主要涉及画板工具、切片工具以及划分切片命令。具体操作过程如下。

步骤 01 打开素材，效果如图11-15所示。

步骤 02 选择"画板工具"，在控制栏中的"画板预设"中执行"适合图稿边界"命令，如图11-16所示。执行"对象"|"切片"|"从所选对象建立"命令，效果如图11-17所示。

图 11-15　　　　　　　　图 11-16　　　　　　　　图 11-17

步骤 03 执行"对象"|"切片"|"划分切片"命令，在弹出的"划分切片"对话框中设置参数，如图11-18所示。

步骤 04 单击"确定"按钮，效果如图11-19所示。

至此，完成九宫格切片的创建。

图 11-18　　　　　　　　图 11-19

Illustrator 图形创意设计与制作（AIGC全彩微课版）

11.3 Web图像输出

在Illustrator中，Web图像输出是将设计作品导出为适合网页使用的格式。这一过程通常涉及优化图像质量和文件大小，以确保在不同设备和浏览器上的快速加载和良好显示。执行"文件"|"导出"|"存储为Web所用格式（旧版）"命令，弹出"存储为Web所用格式"对话框，如图11-20所示。

图 11-20

该对话框中各选项的功能如下。

- **显示方法** 原稿 优化 双联 ：选择"原稿"选项，窗口中只显示没有优化的图像；选择"优化"选项，窗口中只显示优化的图像；选择"双联"选项，窗口中会显示优化前和优化后的图像。
- **缩放工具** ：选择此工具后，单击图像放大；按住Alt键单击图像缩小。
- **切换切片可见性** ：单击此按钮，窗口显示切片。
- **导出：** 在其下拉列表中可以选择导出"所有切片""所有用户切片"以及"选中的切片"。

单击"存储"按钮后，在弹出的"将优化结果存储为"窗口中设置存储位置，单击"存储"按钮，即可得到存储为切片的图像文件，如图11-21所示。

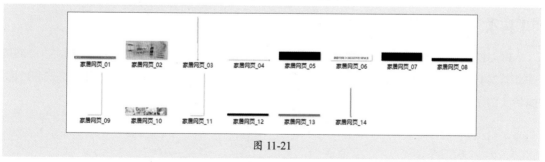

图 11-21

11.3.1 优化GIF格式相关设置

不同格式的存储图像，其质量与大小也不相同，合理选择优化格式，可以有效地控制图像的质量。可供选择的Web图像的优化格式包括GIF、JPEG、PNG-8、PNG-24。图11-22所示为

GIF格式的参数选项组。

该选项组中各选项的功能如下。

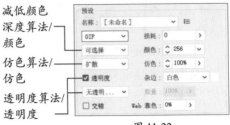

图 11-22

- **名称：** 在该下拉列表中可以选择内置的输出预设，如图11-23所示。
- **减低颜色深度算法/颜色：** 设置用于生成颜色查找表的方法，以及在颜色查找表中使用的颜色数量。

- **仿色算法/仿色：** "仿色"是一种通过模拟计算机的颜色来显示提供的颜色的方法。
- **透明度算法/透明度：** 有三种透明度算法可选择："扩散透明度仿色""图案透明度仿色"以及"杂色透明度仿色"。
- **杂边：** 设置一种混合透明像素的颜色。
- **交错：** 当正在下载文件时，在浏览器中显示图像的低分辨率版本。
- **Web靠色：** 设置将颜色转换为最接近Web颜色库等效颜色的容差级别，数值越高，转换的颜色越多。

图 11-23

11.3.2　优化JPEG格式设置

JPEG格式既保证了图像的质量，还能将其压缩，所以是最常用和最常见的图像压缩格式。图11-24所示为JPEG格式的参数选项组。在该选项组中各选项的功能如下。

- **压缩方式/品质：** 设置压缩图像的方式。"品质"数值越高，文件越大，图像细节越丰富。
- **连续：** 在Web浏览器中以渐进的方式显示图像。
- **优化：** 创建更小但兼容性更低的文件。
- **ICC配置文件：** 包含基于颜色设置的ICC配置文件。
- **模糊：** 创建类似于"高斯模糊"的图像效果。数值越大，模糊越明显，同时减小图像文件的大小。

图 11-24

11.3.3　优化PNG格式设置

PNG格式是一种专门为Web开发的、用于将图像压缩为适合Web上显示的文件格式。PNG格式支持244位图像并产生无锯齿状的透明背景。图11-25和图11-26所示分别为PNG-8格式和PNG-24格式的参数选项组。

图 11-25

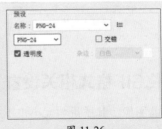

图 11-26

动手练 **优化切片图像效果**

📖 **素材位置：本书实例\第11章\动手练\优化切片图像效果\九宫格.ai**

本练习介绍如何导出并优化切片图像效果，主要运用到的知识点为存储为Web所用格式（旧版）命令的设置。具体操作过程如下。

步骤 **01** 打开素材，效果如图11-27所示。

步骤 **02** 执行"文件"|"导出"|"存储为Web所用格式（旧版）"命令，在弹出的"存储为Web所用格式"对话框中设置参数，如图11-28所示。

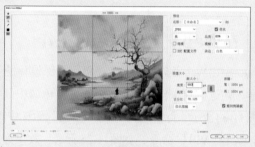

图 11-27　　　　　　　　　　　　图 11-28

步骤 **03** 单击"存储"按钮，在弹出的"将优化结果存储为"对话框中设置文件名，如图11-29所示。

步骤 **04** 打开系统生成的图像文档，显示效果如图11-30所示。

图 11-29　　　　　　　　　　　　图 11-30

至此，完成切片图像的优化。

11.4 使用Web安全色

使用Web安全色是确保图像在Web上正确显示的重要步骤。Web安全色是指所有浏览器都支持的216种颜色，这些颜色与平台无关，能够确保图像在各种设备和浏览器上保持一致的色彩表现。

11.4.1 将非安全色转换为安全色

在Illustrator的"颜色"面板或"拾色器"中，如果选择的颜色不是Web安全色，通常会出现一个警告标志⬛（警告方块），如图11-31和图11-32所示。单击方块即可校正，效果如图11-33所示。

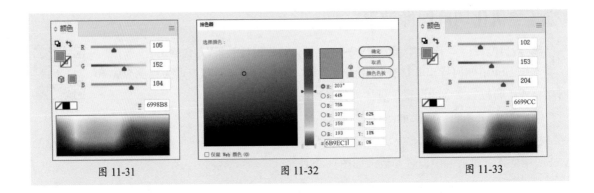

| 图 11-31 | 图 11-32 | 图 11-33 |

11.4.2 在Web安全色状态下工作

在Illustrator中以Web安全色状态工作可以确保设计的产品在不同设备上保持一致。打开"拾色器"对话框，勾选"仅限Web颜色"复选框，色域中颜色明显减少，此时选择的颜色皆为Web安全全色，如图11-34所示。除此之外，在"颜色"面板中单击"菜单"按钮，在弹出的菜单中执行"Web安全RGB（W）"命令，如图11-35所示，效果如图11-36所示。

| 图 11-34 | 图 11-35 | 图 11-36 |

11.5 文件的打印设置

文件的打印设置允许用户根据具体需求调整打印作业的各方面。以下是对常规、标记和出血、输出、图形、颜色管理以及高级等打印设置的详细介绍。

11.5.1 常规

执行"文件"|"打印"命令，或按Ctrl+P组合键，弹出"打印"对话框，如图11-37所示。默认为"常规"选项，可以设置页面大小和方向，指定要打印的页数、缩放图稿，指定拼贴选项以及选择要打印的图层。

- **打印预设：** 在下拉列表中选择打印预设。
- **打印机：** 在下拉列表中选择要使用的打印机。
- **份数：** 输入要打印的份数，勾选"逆页序打印"复选框，将从后到前打印文档。

图 11-37

- **画板：** 若文档中包含多个文档，则需在此选项中选择要打印的画板页面。
- **介质大小：** 在下拉列表中选择打印纸张的尺寸，包括信纸、A4、A3、B5等。
- **宽度、高度：** 设置纸张的宽度和高度。
- **取向：** 选择纸张打印的方向。取消勾选"自动旋转"复选框，可以单击四个方向按钮 进行选择，如图11-38所示。

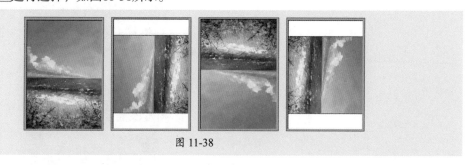

图 11-38

- **打印图层：** 选择要打印的图层，在下拉列表中可以选择"可见图层和可打印图层""可见图层"或"所有图层"三个选项。
- **缩放：** 在下拉列表中选择缩放形式，包括"不要缩放""自定""调整到页面大小""拼贴整页""拼贴可成像区域"。图11-39和图11-40所示分别为自定和拼贴效果。

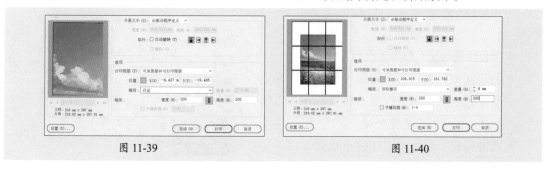

图 11-39 　　　　　　　　　　　　　　　图 11-40

11.5.2　标记和出血

印刷标记是指在打印文件中添加的用于指导印刷操作的辅助线或标记，如裁切线、套准标记等。用户可以执行"文件"|"存储为"命令，选择Adobe PDF格式，并在弹出的对话框中勾选"所有印刷标记"复选框来添加印刷标记，如图11-41所示。图11-42和图11-43所示分别为西式和日式效果。

图 11-41 　　　　　　　　　　图 11-42 　　　　　　　　　图 11-43

出血是图稿落在印刷边框打印定界框外或位于裁切标记外的部分。可以把出血作为允差范围包括在图稿中，以保证在页面切边后仍可把油墨打印到页边缘，或者保证把图像放入文档中的准线内。出血的设置可以在创建文档时进行设置，也可以执行"文件"|"文档设置"命令，在弹出的"文档设置"对话框中设置出血参数，如图11-44所示，效果如图11-45所示。

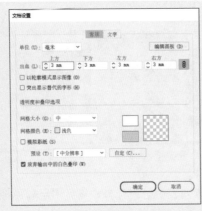

图 11-44

图 11-45

在"打印"对话框中选择"标记和出血"选项，可以对印刷标记与出血进行设置，如图11-46所示。

图 11-46

- **所有印刷标记：** 打印所有打印标记。
- **裁切标记：** 水平和垂直细（毛细）标线，用来划定对页面进行修边的位置。裁切标记还有助于各分色相互对齐。
- **套准标记：** 页面范围外的小靶标，用于对齐彩色文档中的各分色。
- **颜色条：** 彩色小方块，表示CMYK油墨和色调灰度（以10%增量递增）。服务提供商使用这些标记调整印刷机上的油墨密度。
- **页面信息：** 为胶片标上画板编号的名称、输出时间和日期、所用线网数、分色网线角度以及各版的颜色。这些标签位于图像上方。
- **印刷标记类型：** 有"西式"和"日式"两种。
- **裁切标记粗细：** 裁切标记线的宽度。
- **位移：** 指裁切线和工作区之间的距离。避免制图打印的标记在出血上，它的值应该比出血的值大。
- **出血：** 取消勾选"使用文档出血设置"复选框，则可以设置顶、底、左、右的出血参数。

11.5.3 输出

在"打印"对话框中选择"输出"选项，可以设置文档的输出方式、打印机分辨率、油墨属性等参数，如图11-47所示。

- **模式：** 设置输出模式。
- **药膜：** 向上（正读）是指面向感光层看时图像中的文字可读（正读）。向下（正读）是指背向感光层看时文字可读。一般情况下，印在纸上的图像是"向上（正读）"打印，印在胶片上的图像则通常为"向下（正读）"打印。
- **图像：** 通常情况下，输出的胶片为负片，类似照片底片。
- **打印机分辨率：** 前面的数字是加网线数，后面的数字是分辨率。

图 11-47

- **将所有专色转换为印刷色：** 勾选该复选框，

将所有专色转换为印刷色，以使其作为印刷色版的一部分，而非在某个分色版上打印。
- **叠印黑色：** 叠印所有黑色油墨。

11.5.4 图形

在"打印"对话框中选择"图形"选项，可以设置路径、字体、PostScript 文件、渐变、网格和混合的打印选项，如图11-48所示。

- **路径：** 当路径向曲线转换时，选择"品质"选项，会有很多细致的线条的转换效果；选择"速度"选项，转换的线条的数目会很少。
- **下载：** 显示下载的字体。
- **PostScript：** 选择PostScript兼容性水平。
- **数据格式：** 数据输出的格式。
- **兼容渐变和渐变网格打印：** 降低无渐变问题的打印机的打印速度，仅当遇到打印问题时勾选此复选框。

图 11-48

知识点拨

某些打印机可能难以平滑地打印（没有不连续色带），或者根本不能打印具有渐变、网格或颜色混合的文件。

11.5.5 颜色管理

在整个工作流程中，不同的设备（例如计算机显示器和打印机）在不同的色彩空间中运行，每个色彩空间都具有不同的色域。保持颜色在工作流程中涉及的所有设备间外观的一致性是色彩管理的目标。在打印文档、存储文件和为联机查看准备文件时，可以在"打印"对话框中选择"颜色管理"选项，通过设置打印颜色配置文件和渲染方法对颜色进行管理，如图11-49所示。

- **颜色管理**：设置是在应用程序中还是在打印设备中使用颜色管理。
- **打印机配置文件**：选择适用于打印机和将使用的纸张类型的配置文件。
- **渲染方法**：确定颜色管理系统如何处理色彩空间之间的颜色转换。

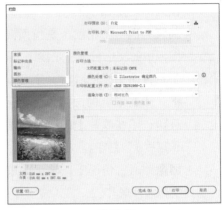

图 11-49

11.5.6　高级

介绍"高级"选项前，可以先了解关于"叠印"的知识。

叠印是印刷中的一种技术，用于确保在打印过程中，不同颜色或图层之间的重叠部分能够正确显示，避免出现露白或错位现象。默认情况下，在打印不透明的重叠色时，上方颜色会挖空下方的区域。可使用叠印来防止挖空，使最顶层的叠印油墨相对于底层油墨更明显。打印时的透明度取决于所用的油墨、纸张和打印方法。

若要使用叠印功能，可以执行以下操作。选择要叠印的一个多或多个对象，如图11-50所示。执行"编辑"|"编辑颜色"|"叠加黑色"命令，在弹出的"叠印黑色"对话框中设置参数，如图11-51所示。按Ctrl+F11组合键，在弹出的"特性"对话框中勾选"叠印填充"复选框，执行"视图"|"叠印预览"命令，如图11-52所示。

图 11-50　　　　　　　　图 11-51　　　　　　　　图 11-52

"叠印黑色"对话框中各选项的功能如下。

- **添加黑色/移去黑色**：叠印图稿中的所有黑色。若要从包含指定百分比黑色的对象中删除叠印，选择"移去黑色"选项。
- **百分比**：输入要叠印的黑色百分数。
- **应用于**：选择"填色""描边"或两者皆选，以指定使用叠印的方式。
- **包括黑色和CMY**：叠印包含青色、洋红色或黄色以及指定百分比黑色的印刷色。
- **包括黑色专色**：叠印其等价印刷色中包含指定百分比黑色的专色。

> **知识点拨**
>
> 如果要叠印包含印刷色以及指定百分比黑色的专色，需同时勾选"包括黑色和CMY"以及"包括黑色专色"复选框。

在"打印"对话框中选择"高级"选项，可以控制打印期间的矢量图稿拼合（或可能栅格化），如图11-53所示。

图 11-53

- **打印成位图：** 把文件作为位图打印。
- **叠印：** 设置叠印方式。多数情况下，只有分色设备支持叠印。当打印到复合输出，或当图稿中含有包含透明度对象的叠印对象时，选择"模拟"或"放弃"选项。
- **预设：** 可以选择 "高分辨率""中分辨率"或"低分辨率"选项。

11.6 案例实战：导出透明格式图像

📖 **素材位置：本书实例\第11章\案例实战\导出透明格式图像\卡通人物.jpg**

本练习介绍如何导出透明格式图像，主要涉及图像描摹、编组、对齐与分布、参考线、切片以及导出命令。具体操作过程如下。

步骤 **01** 打开素材并调整画板边界，效果如图11-54所示。

步骤 **02** 在控制栏中单击"描摹预设"按钮，在弹出的菜单中执行"高保真度照片"命令描摹预设，效果如图11-55所示。

图 11-54

图 11-55

步骤 **03** 扩展后取消分组，删除背景，效果如图11-56所示。

步骤 **04** 分别框选每个人物，按Ctrl+G组合键编组，效果如图11-57所示。

图 11-56

图 11-57

步骤 **05** 分别移动人物的位置，全选后垂直居中对齐，效果如图11-58所示。

步骤 **06** 创建参考线，效果如图11-59所示。

图 11-58

图 11-59

步骤 07 执行"对象"|"切片"|"创建切片"命令，效果如图11-60所示。

步骤 08 使用"切片选择工具"调整切片的显示范围，效果如图11-61所示。

图 11-60   图 11-61

步骤 09 执行"文件"|"导出"|"存储为Web所用格式（旧版）"命令，弹出"存储为Web所用格式"对话框，依次选择切片并设置参数，如图11-62所示。

图 11-62

步骤 10 单击"存储"按钮，在弹出的"将优化结果存储为"对话框中设置文件名，如图11-63所示。

步骤 11 打开系统生成的图像文档，显示效果如图11-64所示。双击可放大查看，效果如图11-65所示。

图 11-63   图 11-64   图 11-65

至此，完成透明格式图像的输出。

Illustrator 图形创意设计与制作（AIGC全彩微课版）

练习1 创建切片并导出

素材位置：本书实例\第11章\拓展练习\创建切片并导出\登录网页设计.ai

下面练习利用"基于参考线创建切片"命令以及"存储为Web所用格式（旧版）"命令，为图像创建切片并导出。

制作思路

打开素材文档，如图11-66所示。创建参考线，执行"对象"|"切片"|"基于参考线创建切片"命令，效果如图11-67所示。通过"存储为Web所用格式（旧版）"命令，将切片导出为JPEG格式图像，效果如图11-68所示。

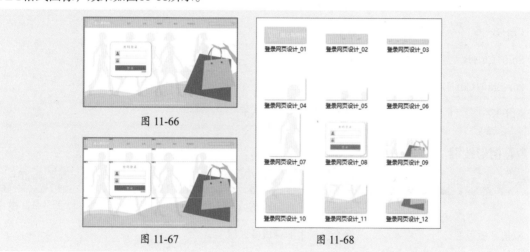

图 11-66

图 11-67

图 11-68

练习2 将颜色转换为安全色

素材位置：本书实例\第11章\拓展练习\将颜色转换为安全色\插画.ai

下面练习利用"颜色"面板、拾色器将颜色转换为安全色。

制作思路

打开素材图像，如图11-69所示。选择背景，在"颜色"面板中查看颜色色值，如图11-70所示，单击⬆按钮，将其转换为安全色，如图11-71所示。分别选中图像的其他图形转换颜色，最终效果如图11-72所示。

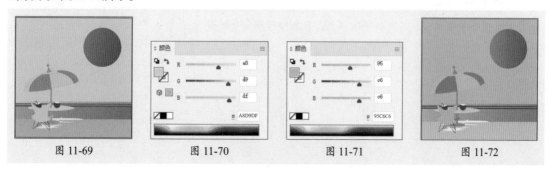

图 11-69　　　　　图 11-70　　　　　图 11-71　　　　　图 11-72

第11章 图像输出优化全攻略

219

附录　Illustrator常用快捷键/组合键汇总

常用组合键

组合键	功能描述
Ctrl+Z	还原
Shift+Ctrl+Z	重做
Ctrl+X	剪切
Ctrl+C	复制
Ctrl+V	粘贴
Ctrl+F	贴在前面
Ctrl+B	贴在后面
Shift+Ctrl+B	原位粘贴
Alt+Shift+Ctrl+B	在所有画板上粘贴
Ctrl+K	打开"首选项"对话框

查看图形按键

快捷键 / 组合键	功能描述
F	在屏幕模式之间切换：正常屏幕模式、带菜单栏的全屏模式、全屏模式
双击"抓手工具"	适合窗口中的可成像区域
空格键	切换到"抓手工具"（当不处于文本编辑模式时）
按 Ctrl+Shift 组合键并 双击参考线	释放参考线
Ctrl+R	显示 / 隐藏画板标尺
Ctrl+Alt+0（零）	在窗口中查看所有画板
Ctrl+Shift+V	在现用画板上就地粘贴
Esc	退出画板工具模式
按住 Shift 键拖移	在另一画板中创建画板
按住 Ctrl 键并单击	在"画板"面板中选择多个画板
Esc	退出全屏模式
Ctrl+=	放大
Ctrl+-	缩小
Ctrl+;	隐藏参考线

快捷键 / 组合键	功能描述
Alt+Ctrl+;	锁定参考线
Ctrl+5	建立参考线
Alt+Ctrl+5	释放参考线
Ctrl+'	显示网格
Shift+Ctrl+'	对齐网格
Alt+Ctrl+'	对齐点

文档处理按键

组合键	功能描述
Ctrl+N	创建文档
Shift+Ctrl+N	从模板创建文档
Alt+Ctrl+N	在不打开"新建文档"对话框的情况下创建文档
Ctrl+O	打开文档
Shift+Ctrl+P	将文件置入文档
Alt+Shift+Ctrl+I	打开"文件信息"对话框
Alt+Ctrl+P	打开"文档设置"对话框
Ctrl+W	关闭文档窗口
Ctrl+S	存储对文档所做的更改
Shift+Ctrl+S	打开"存储为"对话框
Alt+Ctrl+S	存储文档的副本
Alt+Ctrl+E	打开"导出为多种屏幕所用格式"对话框
Alt+Shift+Ctrl+S	打开"存储为 Web 所用格式"对话框
Ctrl+P	打印
Ctrl+Q	退出应用程序

处理对象按键

快捷键 / 组合键	功能描述
Alt	在"直接选择工具"和"编组选择工具"之间切换
按住 Shift 键单击	用"选择工具""直接选择工具""编组选择工具""实时上色选择工具"或者"魔棒工具"向选区添加内容
按住 Alt 键单击	使用"魔棒工具"从选区中减少内容

快捷键 / 组合键	功能描述
按住 Shift 键拖移	用"套索工具"添加到选区
按住 Alt 键拖移	用"套索工具"从选区减少内容
Caps Lock	将"套索工具"的指针改为十字线
Ctrl+Alt+A	选择现用画板中的图稿
Alt+C+O	围绕选定对象创建裁剪标记
Ctrl+A	全选
Shift+Ctrl+A	取消选择
Ctrl+6	重新选择
Alt+Ctrl+]	选择当前所选对象上方的对象
Alt+Ctrl+[	选择当前所选对象下方的对象
按住 Ctrl 键单击两次	选择对象的下方
按住 Ctrl 键单击两次	在隔离模式中选择下方
Ctrl+G	编组选定图稿
Shift+Ctrl+G	取消选定图稿编组
Ctrl+2	锁定所选对象
Alt+Ctrl+2	解锁所选对象
Ctrl+3	隐藏所选对象
Alt+Ctrl+3	显示所有所选对象
Ctrl+Alt+Shift+2	锁定所有取消选择的图稿
按住 Shift 键	将移动限制为 45°（使用"镜像工具"时除外）
Ctrl+]	将所选对象前移
Shift+Ctrl+]	将所选对象移到前面
Ctrl+[	将所选对象后移
Shift+Ctrl+[	将所选对象移到后面